棉花旱作节水技术

李积铭　李和平　戴茂华　主编

中国农业出版社
北　京

编 委 会

主　　编： 李积铭　李和平　戴茂华

副 主 编： 贾英全　柳斌辉　韩铁峰　窦宝峰　白文波

编写人员： 李爱国　李积铭　李和平　戴茂华　贾英全
柳斌辉　窦宝峰　白文波　张玉兰　陈永顺
张玉翠　李　杰　宋　凯　刘丽英　吴振良
胡金翔　韩铁峰　李　芳　申彦平　李立平
翟兰菊　游永亮　可艳军　李　新　王　军
宋聪敏　许文娟　杜娜钦　徐　健　许文西
孙美然

审　　定： 李爱国　张玉翠

前　言

棉花是关系国计民生的重要经济作物，在整个国民经济发展中占有十分重要的地位。发展棉花生产，搞好棉花副产品的综合开发利用，不仅与纺织工业密切相关，而且还能为其他工业部门提供生产原料。棉纤维还具有化学纤维不具备的优异特性，如吸湿性强、透气性好、保暖、易染色等，使得棉纤维产品性能日趋完善，备受消费者的青睐。

我国是一个干旱缺水严重的国家。我国的水资源总量为28 000亿米^3，仅次于巴西、俄罗斯和加拿大，名列世界第四位。但是，我国的人均水资源量仅有2 300米^3，仅为世界平均水平的1/4，是全球人均水资源最贫乏的国家之一。我国是世界农业大国。水是一切农作物生长的基本条件，农作物在整个生长期中都离不开水，没有水就没有农业。在当前水资源严重短缺的形势下，作为用水量占70%的农业用水，必须提高水的利用效率，让有限的农业水资源满足农业生产的需要，发展节水农业将是长期的战略任务。

我国是棉花产量居世界首位的生产大国。我国棉区广阔，棉花种植带大致分布在北纬18°～46°，东经76°～124°范围内，产棉省份23个，其中以新疆、河南、河北、山东、安徽、江苏、湖北7省份的植棉面积较大。棉花本身具有一定的抗旱性，发展推广棉花节水农业技术，用最少的水产出更多的棉花，将是未来缓解农业水资源短缺的重要途径之一。本书立足棉花生产实际，在一线科研人员多年研究的基础上，汇集了项目研究中的最新成果，同时借鉴国内外同行的先进经验，从棉花生育特性、水肥需求规律和节水栽培技术等方面进行了深入浅出的阐述，知识内容丰富，既注重实用性和可操作性，又不乏理论性，是一本贴切棉花生产实际的好书，希望对读者有所裨益，以期对棉花节水种植有所帮助。

全书共七章，第一章由河北省农林科学院旱作农业研究所李积铭编写，第二章由河北省农林科学院旱作农业研究所柳斌辉编写，第三章由中国农业科学院农业环境与可持续发展研究所白文波编写，第四章由河北省农林科学院旱作农业研究所戴茂华编写，第五章由河北省农林科学院旱作农业研究所李和平编写，第六章由衡水市桃城区农业农村局韩铁峰编写。

本书在编写过程中引用了许多文献资料，并尽可能注明出处来源，在此对原作者致谢。有关专家、同事同行对本书提出了许多宝贵意见和建议，在此表示衷心的感谢。

由于编者水平有限，本书难免存在疏漏或差错，敬请读者批评指正。

编　者

2020 年 9 月

目　　录

第一章　棉花生物学特性

棉花（*Gossypium* spp.），是锦葵科棉属植物的种子纤维，属离瓣双子叶植物，原产于热带、亚热带地区，是一种喜温、喜光、耐盐碱性较强的经济作物，适宜于在疏松深厚的土壤中种植。棉花栽培历史悠久，约始于公元前800年。我国是世界上种植棉花较早的国家之一，公元前3世纪战国时代，《尚书》、《后汉书》中就有关于我国植棉和纺棉的记载。

在我国棉花栽培历史上，先后种植过4个栽培品种：海岛棉（长绒棉）、亚洲棉（粗绒棉）、陆地棉（细绒棉）和草棉（粗绒棉）。在不同历史时期，我国的主要栽培品种也不一样，亚洲棉引入历史最久，种植时间最长，同时栽培区域较广；陆地棉引入我国的历史较短，但发展很快，19世纪50年代即取代了亚洲棉。目前除新疆还种植有少量海岛棉外，其他广大棉区所种植的棉花多为陆地棉种。

在长期的种植过程中，经人工选择和培育，逐渐北移到温带，由多年生作物演变为一年生作物。本章主要从棉花的植物学特性和适宜其生长的环境条件两个方面来加以阐述。

第一节　植物学特性

棉花是多年生植物，光热充足可连年开花结果，但在大陆棉区由于温度等条件的限制，棉花不能继续生长，而成为一年生作物，但是在棉花的个体发育中，仍保留了原来的无限生长、喜温、好光等一些生育特点。

一、无限生长性

棉花在生长发育过程中，只要温度、光照、肥水等环境条件适宜，就会像多年生植物一样，持续不断地生长发育，进行纵向生长和横向生长。当长到 7、8 叶片时开始长出第一个果枝，果枝下着生 3～5 个叶枝，在适宜的环境条件下，主茎能向上继续生长，不断生长果枝，果枝又不断地横向生长增加果节，叶枝向四周延伸，生出二次果枝，蕾铃能不断增加，从而使营养生长和生殖生长延续进行，这说明棉花有很大的增产潜力，尤其是花铃期可不断延长。在棉花栽培上，目前所采取的育苗移栽、地膜覆盖、适时早播、促苗早发、简化整枝等措施都是根据棉花无限生长的习性，通过改变棉株的生长环境条件，适当地延长棉花的生长期，充分利用当地的气候资源，延长棉花的有效结龄期，使棉花获得更高产量。

二、喜温好光性

棉花是喜温作物，生长发育期间需要较高的温度。在棉花生长的不同时期，对温度的要求也不同：现蕾、开花和结铃的适宜温度为 25～30℃；纤维发育的最低温度为 15℃，低于 20℃纤维停止加厚；后期日平均温度降至 10℃以下，日最低温度降至－1℃时，植株生长停止；当出现－3～－2℃低温时，叶片枯落，植株死亡。因此当温度过低不能满足棉花生长要求时，植株生长缓慢，各器官形成和发育推迟，影响棉铃和纤维的发育，造成低产、晚熟和品质下降。棉花也是好光作物，幼嫩叶片及其生长有向光性，白天叶片随阳光转动，日落后叶片稍下垂。阳光充足时，光合作用旺盛，制造、积累的有机养料多，植株健壮，节间紧凑，铃多铃大，纤维品质好；光照不足时，棉株容易徒长，现蕾开花数量减少，蕾铃脱落数量增多。棉叶的光饱和点高达 7 万～8 万勒克斯，而一般作物只有2 万～5 万勒克斯。这表明在强光条件下，其他作物不能进行光合产物积累时，棉花却能正常进行光合产物的积累。

在生产上，不同年份、不同地区的棉花产量和品质往往不同，其中一个重要原因就是棉花在生长发育过程中遇到温度和光照条件不同所致。前期光照不足会使棉苗晚发，中期光照不足会增加蕾铃脱落，后期光照不足则会造成桃小籽秕，衣分低，产量不高。所以，从棉花播种到收获都应注意解决光照问题。生产上采取促进壮苗早发、控制蕾期稳长，实行合理密植、整枝打杈等措施，有利于改善光照条件，充分利用光能，协调个体与群体的关系，达到增产的目的。

三、营养生长和生殖生长的重叠性

棉花的根、茎、叶、枝等都是营养器官，具有吸收、制造、运输、储藏营养物质的功能，通常把它们的生长发育称为营养生长；棉花的蕾、花、铃等都是生殖生长器官，具有开花、散粉、完成生殖功能作用，通常把它们的生长发育称为生殖生长。在现蕾以前，棉花处于营养生长阶段，从现蕾开始即进入营养生长和生殖生长并进的时期，一直延续到吐絮，两者生长重叠的时间一般长达 70～80 天，占全生育期的 2/3 左右。

在这段时间内，棉花既要长根、茎、枝、叶等营养器官，又要进行现蕾、开花、结铃等生殖器官的发育，两方面既是相互统一，又在光、水、无机养分和有机养分的分配和利用上存在矛盾。营养生长为生殖生长积累必要的物质基础，没有足够的叶面积，光合作用面积小，制造的有机养料不足，就会导致生殖生长不足，达不到多蕾多结铃的目的。但营养生长过旺，消耗有机营养物质过多，积累减少，就保证不了生殖生长的需要，造成蕾铃脱落、棉株徒长而减产。因此，必须正确处理好营养生长和生殖生长之间的矛盾，协调好棉花生育与外界环境条件的关系，才能达到桃多、桃大、高产、优质的目的。

四、再生能力强，根系发达

棉花为直根系作物，根系发达，主根深，侧根分布广，在土壤中形成强大的吸收网，是一种比较耐旱的作物。棉花的根、茎、叶都具有较强的再生能力，主根受伤或移栽断根，会促进大量侧根生长，棉株愈小，根的再生能力愈强。所以生产上强调深耕培土，但其根的再生能力到了盛蕾末期和开花初期，随着棉株龄期的增长而减弱。因此，在生产上棉苗移栽时苗龄要小，蕾期中耕要深有促根作用，花铃期中耕要浅防止伤根。

棉花每片叶的叶腋都有腋芽，在正常条件下，部分腋芽处于潜伏状态，当受雹、虫等灾害时，枝叶折损，但只要仍有茎节，靠再生能力，就会使原来潜伏的腋芽萌发长成新的枝条，并代替主茎成为新的生长中心，还能现蕾、开花和结铃，获得一定的产量。而且棉株体内各种组织受伤以后，常常形成愈伤组织，从中再生产出不定根和不定芽，发育出新植株。但有时再生能力会成为不利因素，如打顶偏早，促使生长无效的枝、叶和花蕾，消耗养料，降低产量和品质。

另外棉花的茎枝，还有较发达的韧皮部、活跃的形成层和较坚硬的木质部，受到各种机械损伤后，有较强的愈伤能力，因而有利于抵抗各种灾害的侵袭。

五、单株产量潜力大，适应性广

因为棉花具有无限生长习性，在适宜条件下，能不断地增生果枝，果枝又能不断增生果节，增生花蕾，开花结铃，所以单株上着铃的潜力很大。若加上亚果枝和营养枝上的花蕾，单株现蕾数更多，产量潜力更大。但最终能收获的有效铃一般只有几个或十几个，脱落率一般为60%～70%，甚至高达90%。所以，深入地了解蕾铃脱落的规律和机制，研究如何减少脱落、增加蕾铃，对提高棉花产量有现实意义。

棉花不仅有丰产、稳产性能，而且还具有广泛的适应性。棉花虽喜欢温暖的气候、充足的阳光、深厚疏松的耕作层，中性反应的土壤及较高的土壤肥力，但对此并不十分苛刻，它的这种可塑性，就可以扩大棉花的种植范围。有些优良品种可跨越几大棉区，在气候、地理、土质、耕作制度不同的地区广泛种植，并能获得高产，这是其他作物不可比的。

六、株型可塑性强

棉花株型还有很大的可塑性，我国棉花育种家利用多种育种手段已育成株型各异的棉花品种，按果枝类型分有：

1. 长果枝类型（无限果枝） 果枝无限延长，株型较松散，如盛杂棉8号。

2. 短果枝型（有限果枝） 果枝伸出后自然封顶，株型较紧凑，如“545”品种。

3. 0式果枝型 主茎没有果枝，棉铃直接着生在主茎上。这给生产上提供了较大的选择余地。目前生产上的审定品种以长果枝品种为主，短果枝的很少，0式果枝品种由于产量低，生产上很少利用，只能作为品种资源。不同品种在同一栽培条件下有不同株型，同一品种在不同栽培条件下，株型大小差别较大，这表明棉花的株型可塑性大，且容易被人为控制。如采取整枝、不同行株距的配置方式、肥水运筹、使用缩节胺、激素等措施，可以控制棉花株型，人为地把棉株控制成矮小棵，或促成高大棵。无霜期较短和一些旱薄地，棉花单株增产潜力受到限制，可选用株型紧凑的早熟品种或化控措施，实行高密度、早打顶、小棵密植，以充分发挥群体增产潜力，争取早熟丰产；在无霜期长和肥水较好的地块，可选用茎秆粗壮、长势较强的中晚熟品种，实行大棵稀植，以充分利用时间和空间，最大限度地发挥棉花的单株增产潜力，夺取棉花优质高产。

七、其他生殖特性

棉花还有明显的自动调节和补偿能力，表现在棉株结铃上，一般坐桃早、前期结铃多的，易于早衰，后期不易结铃；前期脱落多的棉株，只要加强管理，可以增结后期伏桃和秋桃。生产上采用的去早蕾措施，就是利用棉花自动调节能力的一项增产技术。棉花的适应性广，种植地区遍及各地，从海拔1 000多米的高地，到低于海平面的洼地，黄壤、红壤和轻度盐碱地均可种植，对旱、薄盐碱地也有一定的适应能力。

另外，棉花比较耐旱，但怕涝。棉花根系强大，主根入土深，侧根分布广，单株根系在吐絮期总长可达 103.84 米，每亩[①]根系总长可达 342.69 千米，能够充分利用土壤深层水分，吸收能力强，这是棉花较耐旱的主要原因。但这并不是说棉花完成其生育周期不太需要水分，相反，棉花生长发育的不同时期都需要一定的土壤含水量，特别是在花铃期，一旦干旱，就会引起蕾铃大量脱落或造成铃轻籽瘪，甚至植株早衰。棉花苗期受涝，病害多；中期受涝，蕾铃脱落多；后期受涝，早衰多。

第二节　环境条件

一切生物的生长发育都依赖于一定的环境条件来进行，这一过程的生态生理变化尽管决定于遗传基因的特性，但是环境条件的变化却能影响其基因表达，并能胁迫某些特征产生明显变化。对棉花来说，同一个栽培品种，在不同环境条件下种植，其产量有高低之差，品质有优劣之分，这足以说明生态环境条件与棉花生产力之间存在着极为密切的关系。在环境条件的构成因素中，主要包括人为因素和气候因素，前者包括浇水、施肥、打药等栽培管理措施，后者是在棉花产量、品质形成过程中提供必需的能量物质的自然资源，又是影响棉花生长发育的重要生态环境，还影响土壤等其他资源。

气候因素主要包括光、热、水、气等，这些因素虽是周而复始、用之不竭的资源，但在一个地区，每年的积温、日照时数、降水量是相对稳定的，也是有限的，气候资源还存在着时空分布的不稳定性和不均衡性，各因素之间又是相互依存和相互制约的。气候属于宇宙因子，目前人类还难以控制气候的变化，但是可遵循客观规律，发挥人的主观能动性，通过调控棉花生育进程，充分利用光、热、水、气等气候因素，促进棉花的生长发育。

① 亩为非法定计量单位，1 亩＝1/15 公顷≈667 米^2。——编者注

一、世界棉花生产概况

目前世界上约有 60 多个国家种植棉花，分布在亚洲、非洲、美洲、欧洲和大洋洲，产棉区域大都在北纬 40°至南纬 30°之间的广阔地带。世界棉花生产发展的特点是：20 世纪 50 年代迅速增长，60 年代缓慢增长，80 年代以来棉花生产超过百万吨的国家有中国、美国、印度、巴基斯坦和乌兹别克斯坦 5 个国家。原棉消费量中国位于世界第一，原棉出口量美国是世界第一位。近年来，国际棉花总产量相对比较稳定，基本在 2 000 万吨左右。

二、我国棉花产区分布及区划

我国适宜种植棉花的区域广泛，棉区范围大致在北纬 18°～46°，东经 76°～124°之间，根据宜棉区域的不同生态环境条件以及棉花生产特点，结合棉花生产分布现状和植棉历史，经过 20 多年的结构调整，目前全国棉花生产布局已形成长江流域中下游棉区、黄河流域黄淮海棉区和西北内陆（主要是新疆）棉区三大棉区。

1. 长江流域中下游棉区 包括上海、浙江、江苏、湖北、安徽、四川、江西、湖南 8 省份。本区属亚热带湿润气候区，热量条件较好，4～10 月平均温度 21～24℃，≥15℃积温 4 000～5 500℃，无霜期 220～300 天，年降水 800～1 200 毫米，年日照时数 1 200～2 400 小时，春季和秋季多阴雨，常有伏旱。土壤在平原地区以潮土和水稻土为主，肥力较好，丘陵棉田多为酸性的红壤、黄棕壤，肥力较差，沿海有大片盐碱土。本区域棉田种植集约化和规范化程度较高，产量潜力大。早在 20 世纪 60 年代棉田就由一熟改革为两熟种植，形成麦棉、油（菜）棉和（蚕）豆棉套作两熟种植制度，复种指数达 167，到 20 世纪 80 年代后期，又形成麦—菜—棉、油—菜—棉和豆—菜—棉一年三熟、四熟的间套作种植模式，90 年代又在研究示范粮—饲—棉一年三熟种植的新模式，这对提高棉田综合效益，缓解粮饲棉争地矛盾，稳定高产地区棉田面积起到了积极作用。主要不利因素是低温高湿引起的烂子烂芽，长期低温多雨导致的苗病发生重及死苗现象。

2. 黄河流域黄淮海棉区 包括河南、河北、山东、山西、陕西、辽宁6省。本区属暖温带半湿润季风气候区，棉花生长期间（4～10）月平均温度19～22℃，≥15℃积温3 500～4 000℃，无霜期180～230天，年降水量500～800毫米，年日照时数2 200～2 900小时。春秋日照充足，水热条件适中，有利于棉花生长和吐絮。降雨集中在7～8月，常有春季初夏连旱，播前需重视贮水灌溉。

3. 西北内陆棉区 包括新疆及甘肃的河西走廊地区。本区属中温带和暖温带大陆性干旱气候区，年降水量不足200毫米，全靠灌溉植棉，日照充足，年日照时数高达2 700～3 300小时，≥15℃积温2 500～4 900℃，昼夜温差大，有利于高产优质，土壤以灰漠土和棕漠土为主。新疆棉花以纤维长、色泽洁白、拉力强著称，是我国最具有发展潜力的新辟棉区。新疆水土光热资源丰富，气候干旱少雨，种植棉花条件得天独厚。近几年棉花种植面积增加很快。从种植区域看，新疆已初步形成了3个产棉区，即南疆棉区、北疆棉区和东疆棉区。南疆棉区是新疆棉花的主产区，其棉花产量约占新疆棉区产量的80%，也是我国最适宜的植棉地区，是长绒棉的生产基地。其次是北疆，再次是东疆。新疆棉花连续8年在总产、单产、人均占有量、外调量等方面居全国首位（表1-1）。

表1-1 我国棉花产区变化统计（%）

时间	1958	1968	1978	1988	1998
新疆棉区	2	4	3	7	31
长江流域棉区	60	44	47	60	35
黄河流域棉区	38	52	50	33	34
合计	100	100	100	100	100

资料来源：中国棉花网。

除三大主产棉区外，还包括北部特早熟棉区和华南棉区。这两个区域受气候因素影响，种植面积和产量都较低。其产量合计占全国棉花总产量不到 1%。

4. 北部特早熟棉区　包括辽宁、晋中、冀北、陕北和陇东部分地区。本区地处中温带和暖温带交接地带，年降水量 400～800 毫米，日照时数 2 400～2 900 小时，≥15℃积温 2 600～3 100℃，无霜期 165～180 天。春季干旱多风，夏季雨量较集中，秋季气温下降迅速，易遭早霜冷害，适宜种植早熟品种。

5. 华南棉区　包括广东、广西、海南岛、台湾、云南五省份的大部，福建、贵州的南部及四川的西昌地区。本区属北热带和南亚热带湿润气候，年降水量 1 600～2 000 毫米，日照时数 1 400～2 600小时，≥15℃积温 5 500～9 200℃，无霜期 300 天至全年无霜。棉花生长季节高温高湿，病虫害严重不利于棉花产量和品质的提高，目前只有零星种植（图 1-1）。

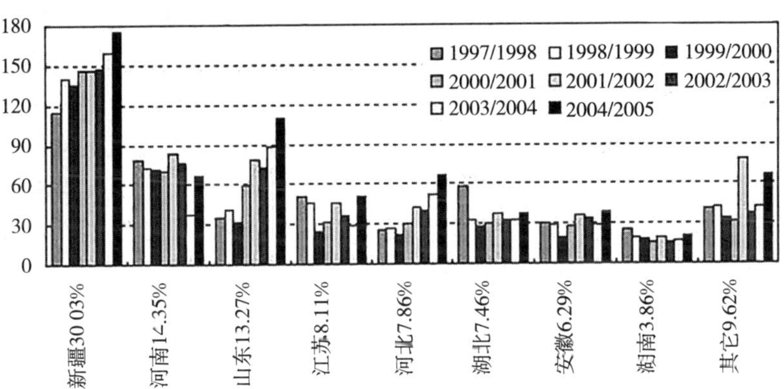

图 1-1　1996/1997 年度以来我国棉花主产省份产量及所占比例

说明：本图所用数据来源于《农业统计年鉴》，1997—2004 年版，图中各主产省份产量占总产量的比例是 1996—2004 年各省份平均产量与全国平均产量之比。

三、气候因素对成铃的影响

气候因素影响棉花开花结铃与棉铃发育，左右着铃期长短及铃重高低，影响纤维和种子发育，波及产量与品质。气候因素中起决定作用的因子是温度、光照和降雨量，而温度的影响最大。

1. 温度 棉花是喜温作物，现蕾需要的最低温度为19～20℃，最适温度25℃左右。开花前高温影响幼蕾发育，减少单铃胚珠数，提高不孕籽率。处于9～11日龄四分体形成和小孢子发育期间的幼蕾，遇高温易导致雄蕊不育。开花结铃与棉铃发育需要的最适温度为25～30℃。花铃期温度过高或过低，均不利于成铃及棉铃发育。若温度低于20℃，则花粉生活力下降，甚至丧失。日平均温度高于30℃时，棉花蕾铃脱落率增加，高于32℃时，脱落率剧烈增加。山东省农业科学院研究，气温在32℃以上，每提高1℃，蕾铃脱落率递增0.66%～2.2%；当温度高于35℃时，不仅降低当日花粉的生活力，影响受精成铃，增加脱落，而且还影响正在发育的幼龄，造成铃重降低、瘪粒增加、单铃纤维重下降。据金桂红（1981）研究结果表明，高温造成的败育花呈畸形，开花时花药不开裂，花粉极少且呈畸形。未受精的败育花，脱落率高达百分之百。

棉铃发育与温度关系极密切。从开花至正常吐絮，需≥15℃的活动积温1 300～1 500℃，吐絮的临界积温值为1 100℃，铃期日平均温度15℃为棉铃能否正常吐絮的最低临界温度，铃期长短与铃期内日平均温度呈负相关关系，即随铃期内日平均温度的降低而延长。当日均温为24～26℃时，铃期长50～60天，当日均温为16～18℃时，铃期则长至80天以上。棉花有效开花结铃期长，在有效开花结铃期内，随开花期推迟，铃期内积温逐渐下降，纤维品质亦随之降低。据江苏省气象局测定（1979），铃重随≥10℃的有效积温的增减而变化：有效积温≥800℃时，铃重≥4.5克；有效积温≥550℃时，铃重≥3.0克。棉铃发育过程中，籽棉百分率与50日龄内≥18℃的积温值呈正相关，籽棉百分率大于65%以上时，≥18℃的活动积温必须在800℃以上。江苏沿海棉区，在秋桃发育过程中，温度低于18℃，棉铃体积停止增大，铃壳内干物质停止积累，籽棉日增量急剧下降。低于16℃时，几乎停止生长。

温度对纤维发育的影响也很明显。纤维伸长的最低温度为15℃，在夜温低于15℃时，纤维素积累的速度很慢，一般只有12～25毫克/（铃·日），而在21～27℃时积累最快。因为夜温过低，影响了棉叶中淀粉的降解和输出。在夜温低至15℃时，淀粉的降解和输出量不足夜温在21.4～27.9℃时的一半。单纤维强力及其解决因子，即单位纤维干重、纤维素含量、胞壁厚度、成熟度等与温度呈高度正相关，温度愈高，单纤维强力愈高，但转折点为18℃，18℃是纤维加厚发育的临界温度，≥18℃的活动积温≥800℃. 日，是最适宜于纤维发育的最低临界积温指标（表1-2）。

表1-2　不同棉区的热量环境（℃）

棉区	无霜期（天）	积温（≥10℃）	4月	5月	6月	7月	8月	9月	10月
长江流域	220～302	4 517～5 862	15.6	20.0	24.8	28.2	27.7	23.2	17.4
黄河流域	190～221	4 395～4 797	13.3	20.1	25.0	26.7	25.6	20.2	14.1
北疆	156～189	3 141～3 589	11.0	17.9	22.8	24.9	23.1	16.9	8.1
东、南疆	214～279	4 193～5 455	16.1	21.9	26.2	27.9	26.4	20.7	11.8

资料来源：张存信著，《棉花灾害及防灾减灾技术》，中国农业科技出版社出版，2001年11月印刷，第75页。

2. 日照　棉花是喜光作物，充足的光照是棉花高产的必要环境条件。不同类型棉区的光照状况有明显的不同，这种光照差异对当地棉花的生产潜力及纤维品质优劣均能产生明显影响，但是另一方面，人为的调控措施也能对光能利用产生不同的效果，从而获得不同的产量。

棉叶光补偿点为1 000～2 000勒克斯，光饱和点高达7万～8万勒克斯（因品种而异）。在花铃期，充足的日照有利于棉花开花结铃，光照不足，幼龄脱落率增加。许多遮光试验均证明，光照强度与幼铃脱落密切相关。如用一层白布遮光，幼铃脱落率为13.79%，而对照不遮光的，脱落率则为0。遮光后叶片光和效率下降，幼铃里糖含量较少，增加缓慢。遮一层白布的处理，花后5天的糖含量仅为对照的37.38%。光强不仅影响光合作用，而且还影响运输速率和分配方向。此外，光照强弱还影响光合产物类型：在红光照射下，有利于形成大量的碳水化合物，供给棉铃生长发育的需要；而在蓝光照射下，则有利于形成较多的蛋白质，适于枝叶生长，从而导致幼铃脱落。棉株下部果枝所处的水平光强 2 000 勒克斯，是衡量该果枝上棉铃脱落与否的临界光强指标。高于临界光强，棉铃脱落率下降，反之脱落率则上升。

因此，在开花结铃期，棉田光照调节优劣，对成铃率影响极大。除调节棉花生育进程，使花铃期与日照富裕季节同步外，采取合理密植，配置适宜的行、株距，科学地施用肥水，调节封行期及整枝化调等综合配套技术，为优化成铃，提高结铃率创造一个良好的、高光效群体生态环境。

表 1-3　不同棉区的日照状况（日照%）

棉区	4 月	5 月	6 月	7 月	8 月	9 月	10 月
长江流域	42.9	46.3	41.7	50.7	51.7	54.1	52.6
黄河流域	54.1	57.9	60.6	59.2	57.6	59.4	58.6
北疆	63.5	67	69.3	67.5	72	75.0	73.8
东、南疆	59.6	64.2	68	66.6	70.4	73.2	75.8

资料来源：张存信著，《棉花灾害及防灾减灾技术》，中国农业科技出版社出版，2001 年 11 月印刷，第 81 页。

3. 降水　水是生命的基础。植物光合作用中水是重要的原料，矿质元素进入植物体内依靠水作为介质，各种生理生化反应都是在水溶剂中进行，细胞的紧张度要靠水来维持，植株体温要靠水的蒸腾来平衡，因此水对棉花作物来说既是环境因素又是营养物质。棉花需水规律总的特点是随生育渐进需水量由少渐多，花铃期达到高峰，吐絮期逐渐下降。

棉花起源于高温干燥的热带、亚热带地区，喜温好光、较耐干旱、怕阴雨涝渍。但棉花植株高大，枝叶繁茂，6 月、7 月、8 月又处在高温季节，叶面蒸腾耗水多，是需水较多的作物。一般每形成 1 千克干物质，需耗水 380～650 千克。据各地灌溉试验结果表明，在中等水文年份，棉花全生育期耗水约 450～750 毫米。

在黄河流域棉区，4～6 月降雨量少，80%的年份降雨量只有

60～80 毫米，对棉花播种及苗期生长极为不利，7～8 月处在雨季，平均降水量 300～350 毫米，80%的年份降水量为 200～250 毫米，基本满足棉花开花结铃需要，但雨水影响传粉受精，对增结伏桃不利。如降雨量集中，低洼地区棉田易积水引起涝灾发生烂铃。

在棉花生长期间，不同强度的降水，使棉田土壤水分的有效利用率差异较大。一般 10～50 毫米的中雨至大雨，可使棉田中 1 米土层的含水率平均增加 2.5%～6.0%，小于 10 毫米的小雨，往往不能解除旱情，大于 50 毫米的暴雨和大于 100 毫米的大暴雨，又会形成明涝（表 1-4）。

表 1-4　不同棉区的水分环境降雨量（毫米）

棉区	4 月	5 月	6 月	7 月	8 月	9 月	10 月
长江流域	117.4	143.9	149.4	164.6	127.8	112.7	65.6
黄河流域	42.3	48.7	70.4	175.5	136.6	70.4	38.4
北疆	13.1	14.7	15.6	16.7	21.3	11.0	7.3
东、南疆	3.1	6.3	6.1	7.2	5.2	2.9	0.9

资料来源：张存信著，《棉花灾害及防灾减灾技术》，中国农业科技出版社出版，2001 年 11 月印刷，第 78 页。

四、主要灾害对棉花生长的影响

影响棉花生长和发育的灾害有两种，一是气象灾害，如雨涝、冰雹、干旱等；二是病虫害，如棉花枯黄萎病、棉花铃病、各种虫害等。

1. 雨涝　雨涝灾害是频发性、季节性的严重自然灾害，轻者造成棉花减产，重则绝收。长江流域棉区一般 7～8 月发生雨涝，而黄河流域棉区一般在 6～8 月。不同程度的雨涝对棉苗的影响不同（表 1-5）。

2. 冰雹　我国冰雹的危害范围广，主要棉产区历年都遭受不同程度的雹灾。在我国的产棉区中，4 月以前降雹主要集中在秦岭、淮河以南地区；4～5 月雹区由南向北扩展；6 月雹区范围最广，此时正值棉区蕾期或初花期，对棉花生长影响较大；6 月以后，雹区主要集中在华北、西北和东北地区。由于棉花具有无限生长性和较强的再生性，程度较轻的雹灾对棉花影响较小，如果冰雹程度较重，又处于棉花生长的关键时期，也会造成棉花减产甚至绝产（表 1-5）。

表 1-5　雨涝和冰雹对我国棉花的影响

		轻度危害	中度危害	重度危害	严重危害	特重危害
雨涝	程度	淹水 10～24 个小时，及时排水	淹水 2～3 天，未淹没整个棉株	淹水 2～3 天，积水 40～50 厘米	淹水超过 4～5 天，淹没棉株	淹水 5 天以上
		严重萎蔫，幼蕾脱落，叶片发黄，基本无死苗	蕾花和叶脱落严重，有轻度死苗	70%以上的棉株没顶，多数蕾花脱落，死苗率 20%左右	80%棉株顶心死亡，叶、花、蕾全部脱落，根系发黑，死亡率 50%	棉花基本死亡
	对产量的影响	基本不减产	减产较轻	减产 30%～40%	减产幅度较大	绝产
冰雹	程度	茎叶损伤，主茎完好，果枝砸掉不足 10%，处于盛花期以前	落叶破叶严重，主茎完好，果枝断枝率 30%以下，断头率不足 50%，处于初花期前后	无叶片；主茎基本未破裂，叶节完好，腋芽完整，断枝率 60% 以上，断头率 50%～70%处于蕾期内	无叶片，无果枝，光杆，主茎表皮破裂不足 50%，30%以上腋芽完好叶节大部分完好	光杆，主茎砸破率大于 50%，叶节大部分被砸坏，腋芽不足 30%
	对产量的影响	基本不减产	减产较轻	减产 30%～40%	减产幅度较大	绝产

3. 干旱　黄河流域棉区由于常年冬春干旱，因此在播种出苗期对棉花影响较大；长江流域棉区，对棉花影响较大的主要是夏季干旱和秋季干旱；新疆棉区常年降雨量偏小，棉田干旱经常发生，需要灌溉种植。

4. 病虫害　在棉花生长过程中，有很多病虫害随时会影响棉花的生长发育。在棉花生长的不同时期，病虫害的种类也不一样，低温阴雨是导致棉花苗期病虫害发作的主要原因。目前国内发现的苗病有20多种，如立枯病、炭疽病等，造成棉田缺苗断垄，严重时会影响棉花的产量。棉花成株后主要受以下病虫害的影响。

(1) 棉花枯、黄萎病　在棉田温度较低、湿度较大时易发生，一般在6月棉苗4、5个真叶时发病，7、8月现蕾到花铃期加重，造成病叶大量枯落，并伴有蕾铃脱落。多雨年份，夏季湿度大，气温偏低，枯萎病发病迅速，病株成倍增长，危害严重。

(2) 棉花红叶茎枯病　主要是由花期和结铃期肥水失调、营养不足，特别是缺钾肥造成的，一般在蕾期初发，花期普发，铃期盛发，吐絮期成片死株。

(3) 棉花铃病　我国棉花铃病发生普遍，造成烂铃、僵瓣。多雨年份，长江及黄河流域棉区烂铃率可达10%～30%，烂铃与健铃相比，籽棉重量减轻40.8%，衣分降低22.8%，皮棉减少53.5%，棉花绒长缩短23.4%，强度下降49.3%，严重影响棉花的产量和质量。铃期久雨高温是造成棉花铃病的主要原因。一般情况下，连续下雨3～5天或10～20毫米以上降雨3～5天，田间就会出现大量烂铃，8～9月的雨量和雨日是决定全年铃病的关键。调查表明，烂铃率随这个时期降雨而变化，雨日多，降雨量大，烂铃严重；反之则轻。黄河流域棉区，7～8月正值第一批棉铃成铃后40～50天，汛雨集中，温度高，湿度大，烂铃极易发生。长江流域棉区，秋季阴雨多出现在8～9月，所以烂铃开始及盛期较北方迟，但因湿热环境持续天数较多，烂铃往往比北方严重。新疆棉区此期降雨较少，热量充足，因此正常年景不易发生烂铃灾害。

除了以上介绍的影响棉花生长发育的主要气象灾害和病虫害外，还有许多因素，如大风、沙尘和冻害等也会影响棉花的产量和质量。

第二章　棉花生育周期

棉花的主产品是皮棉，是纺织工业以及轻工、化工、医药和国防工业的重要原料。棉花每 100 千克生物产量的主、副产品量为：棉秆 64 千克，子棉 36 千克，其子棉可产皮棉 11～14 千克，棉籽 21～24 千克，其棉籽可产短绒 2～3 千克，棉仁 12～17 千克，棉籽壳 4～5 千克，其棉仁可产油脂 3～4 千克，蛋白质 3.5～5 千克。这些副产物均具有重要的综合开发价值，其中棉籽油含多种不饱和脂肪酸，其脂肪酸组成及含量与大豆油相近，其亚油酸含量占 52.2%，除用作食用油外，还是涂料、洗涤剂、增塑剂、黏合剂、农用化学剂、纤维软化剂、合成润滑油等精细化学工业的重要原料。

第一节　棉花生育时期

棉花从播种到收获约半年左右时间，从 4 月中下旬至 11 月中旬左右，历经春、夏、秋、冬 4 个季节，一生可以划分为播种出苗期、苗期、蕾期、花铃期和吐絮期 5 个阶段。相对于其他农产品来讲，棉花生长期较长，受自然因素的影响较大。

1. 播种出苗期　从棉籽播种到有 50%的子叶出土并展开，称为播种出苗期。选择适时的播种期是决定棉花丰产的重要环节。一般在 4 月中、下旬播种，经 7～15 天出苗，是决定一播全苗的关键时期。

棉花种子内部贮藏丰富的营养物质，因此棉籽发芽一般需要经历 3 个过程；一是吸水膨胀过程；二是贮藏物质分解分化过程；三是胚细胞生长、分化过程。种子吸水膨胀后，酶的活性逐渐加强，使子叶内的贮藏物质分解转化为可溶性的、较简单的物质，供胚吸收利用。胚吸收养分后，即开始细胞分裂、生长、分化，形成幼苗的不同器官。当胚根突破珠孔向外伸长达种子长度一半时，叫做发芽。发芽后条件适宜，胚轴伸长为幼茎，幼茎起初弯曲呈弓背状，待顶破土后便很快伸直，将子叶带出土面，当子叶平展时，叫做出苗。

棉种萌发出苗需要一定的外界环境条件，主要是适宜的温度、水分、氧气、土壤含盐量等，其中决定因素是温度。

（1）温度　棉花是喜温作物，在发芽出苗时，要求较高的温度。据研究成果表明，发芽最低临界温度是 10.5～12℃，最适温度为 28～30℃，最高温度为 40～45℃。温度在临界范围内时，温度越高发芽越快。如 12℃时需要 11 天，13℃时需 7 天，16℃时需 2 天，35～40℃时只需 8 小时就可以了。在高温下虽然发芽快，但棉苗不健壮，因此棉苗发芽温度也不能太高。在昼夜平均温度相同的条件下，变温比恒温更有利于发芽，棉籽出苗时对温度的要求比发芽高。试验表明，一般陆地棉品种出苗需要 16℃以上，在 16～32℃之间，随温度的升高出苗速度加快。在自然地温下，黄河流域棉区播种一般在 4 月中旬；如果前茬腾地及时，长江流域棉区在 4 月上旬就可播种；新疆棉区一般在 4 月 15～25 日之间播种。棉花播种后，出苗日期主要决定此时土壤的温度和水分，在正常情况下，黄河流域棉区出苗需 10～15 天，长江流域棉区需 7～10 天，新疆棉区需 15 天左右。

（2）水分　棉籽种皮厚而坚硬，种子内含有大量的营养物质，所以棉籽发芽需要吸收较多的水分，陆地棉为种子风干重的 61.6%，因此，棉籽在播种前需要浸种，吸足水分，利于发芽出苗。棉籽发芽出苗与土壤水分状况关系密切。一般土壤水分为田间持水量 70%左右时，发芽率高，出苗快；若土壤水分为田间持水量的 45%时，则发芽率低，出苗慢。

（3）氧气　棉籽内含有丰富的蛋白质和脂肪，要有充足的氧气，才能增强呼吸作用和酶的活动，将不可溶性物质转化为可溶性物质，供发芽出苗需要。因此，要做好整地保墒工作，掌握适宜的播种深度，播后松土，以满足棉籽发芽出苗对氧气的需要。

（4）含盐量　盐碱地棉田，在含盐量不超过0.25%～0.3%的范围内，土壤含盐量越高，棉籽发芽出苗所需的土壤水分也越高，主要是降低盐分溶液浓度，有利于棉籽吸水发芽出苗。

2. 苗期　苗期是指棉花从出苗到现蕾，从出苗到棉田有50%棉株出现第一个幼蕾称为苗期，早熟品种25～30天，中熟品种40～50天。

黄河流域棉区一般从4月底5月初至6月上中旬，长江流域棉区从4月下旬至6月上旬。棉花苗期为营养生长期，影响棉苗的主要环境因素是温度。棉苗弱小，抗逆性差，易发生病害、死苗或晚发"小老苗"出现，大多是由低温造成的。不同苗龄忍耐低温的能力不同，表2-1列出了10天以内的棉苗在不同程度低温下的受害程度。除了温度外，如果此期间连续阴雨，水分过多，缺乏光照，也会造成棉苗争光上窜，形成高脚细弱苗，推迟生育期，甚至会严重影响根系发育，形成烂种、烂芽及苗期病害。

表2-1　不同苗龄耐低温程度

苗期	温度（℃）	持续时间（小时）	受害程度
刚出土	0～1	1	发生冻害
刚出土	－2～－3	1	幼苗死亡
苗龄4天	0	1～2	轻微冻害
苗龄8天	0	3	轻微冻害
苗龄10天	0	2～3	50%幼苗死亡

资料来源：张存信著，《棉花灾害及防灾减灾技术》，中国农业科技出版社出版，2001年11月印刷，第59页。

3. 蕾期　棉花蕾期是指从现蕾到开花，从现蕾到50%棉株开第一朵花称为蕾期，蕾期一般处于当地的6月上中旬至7月上旬，大约25～30天。

当棉株第一果枝上出现荞麦粒大小（长、宽约3毫米）的三角形花蕾时叫做现蕾。棉花的花蕾是由果枝的顶芽分化发育而成的。

一般陆地棉品种长出6～8片真叶时，开始出现第一果枝，长出第一个花蕾，大约现蕾后20～25天就可发育成完全的花。棉花现蕾的顺序是由下向上，从内向外，以第一果枝第一果节为中心，呈螺旋曲线由内圈向外围发展现蕾。相邻两果枝的同一节位现蕾间隔的天数称为纵间期，一般为2～4天；同一果枝相邻两果节现蕾间隔的天数叫横间期，一般为5～7天。棉花现蕾的最低临界温度为19～20℃，在肥水条件适宜，温度不超过30℃时，温度越高，现蕾速度越快，现蕾越多。蕾期土壤湿度以保持田间持水量的60%～70%为宜，如果低于55℃和高于80℃时，都会不利于棉株正常生育，影响增蕾保蕾。

棉花蕾期生长水平直接影响到中、后期抗灾能力和最终的经济产量，是营养生长和生殖生长并行及根系发展的重要阶段。由于棉花现蕾一般在6月上中旬，气温较高，此时降雨量的多少是决定现蕾多少的关键因素，北方棉区这时的常年降雨量较小，但气温已升高，土壤水分蒸发量大，常因干旱影响棉花生育。到现蕾盛期雨季开始，土壤水分增多，肥效逐渐发挥，这时棉株容易徒长；南方正值梅雨季节，容易引起旺长，如遇空梅或干梅，高温干旱会严重影响棉花生育。

4. 花铃期　花铃期是指从开花到有50%棉株第一个棉铃吐絮叫花铃期，一般从7月上旬到8月底9月初，需50～60天，是营养生长与生殖生长两旺时期，有70%以上的干物质在花铃期形成，是决定产量和品质的关键时期。此阶段根据其生育特性又分为初花期和盛花结铃期。花铃期是棉花一生中需水最多的时期，棉株对水反应敏感，如水分失调，代谢过程受阻，大量蕾铃脱落，并引起早衰，严重影响棉花生育进程。

棉铃是由受精的子房发育而成，棉铃有3～5室，每室有子棉1瓣。棉铃的生育过程可分为3个阶段：体积增大阶段，受精后约25～30天，棉铃体积可能长到应有的大小；内部充实阶段，棉铃体积达到应有大小后便进入内部，充实阶段约经历25～35天；开裂吐絮阶段，棉铃完成前两个阶段后，在适宜的条件下，铃壳脱水失去膨压而收缩，沿裂缝线开裂，露出子棉，称为吐絮，从开裂到吐絮大约需要5～7天。3个阶段虽有一定的先后顺序，但并不能截然分开。棉铃的大小常以平均单铃重或每千克子棉所需的铃数来表示。陆地棉品种的单铃重一般为4～6克，即167～250个铃可收1千克子棉。棉铃按结铃时间，可划分为伏前桃、伏桃和秋桃，总称为三桃。7月15日以前所结的成铃（棉铃直径达2厘米）为伏前桃，7月16日至8月15日所结的成铃为伏桃，8月16日以后所结的成铃为秋桃。根据棉铃吐絮时间早晚，可分为霜前花和霜后花。在生产上常把霜降后5天以前所收的棉花，称为霜前花，把霜降后5天以后所收的棉花，称为霜后花，霜前花纤维品质和铃重等均好于霜后花。

5. 吐絮期　吐絮期是指从开始吐絮到收花结束，生育结束的一段较长的时间，约70天，一般在8月下旬9月初开始吐絮，10月中、下旬到11月初基本收花完毕，持续70～80天，是棉纤维生长发育的主要阶段。此期影响棉花产量和质量的因素主要有：阴雨连绵加重棉花烂铃、冷秋年份使棉花贪青迟熟、纤维发育不良等。棉花是陆续开花、结铃，陆续成熟、吐絮。在开始吐絮时，伏桃正在逐渐成熟，秋桃正在形成、长大，棉株的营养生长已衰退，生殖生长逐渐缓慢，根系吸收能力日渐下降，这时需要有充足的日照、较高的温度和较低的湿度，以加速碳水化合物的转化，促进脂肪和纤维素的形成，并加速铃壳干燥，有利于棉铃开裂，吐絮。

第二节　棉花生长发育

1. 根及其生长　棉花的根系为直根系，由主根、侧根、支根和根毛组成。棉花是深根作物，主根入土深，侧根分布广。主根入土深度可达2米以上，侧根主要分布在地表以下10～30厘米土层内，上层侧根扩展较长，一般可达60～100厘米，往下渐短，形成一个倒圆锥形的强大根系网。棉花主根生长速度是前期快，后期慢。现蕾前主根比茎生长快，主根长度约为茎高的4～5倍。现蕾后，棉株地上部分生长加快，侧根迅速增加，主根生长速度相对减慢。开花后，由于棉株地上部分生长旺盛，进入大量开花结铃期，主根生长速度缓慢。适宜棉花根系生长的条件是：土壤温度 18～25℃，土壤水分为田间持水量的 60%～70%，土壤酸碱度（pH 值）6.5～8.5，土层深厚，土壤质地疏松，土壤养分含量丰富。

2. 茎、枝及其生长　棉花的主茎由节和节间组成，着生叶片的地方叫做节，节与节之间叫节间。节间的长短是衡量棉株生长是否稳健的一个重要指标，生长稳健的棉株节间较短，徒长的棉株节间较长。茎的颜色生长前期呈绿色，以后随着茎秆逐渐生长、成熟，由下向上逐渐变为红色。主茎颜色经常作为田间诊断的指标。另外，主茎上着生茸毛具有保护作用。还有油腺，油腺内有棉酚，有抵抗害虫作用。棉花主茎的生长速度，一般苗期生长缓慢，现蕾后逐渐加快，初花期生长最快，盛花期后又逐渐减慢。主茎生长的快慢受温度、水分、养分、光照等条件的影响。棉花的茎上有分枝。分枝有果枝和叶枝两种。果枝能直接长出花蕾，开花结铃；叶枝间接长出花蕾，开花结铃。棉花茎枝生长发育的适宜温度为20～30℃，温度低于 19℃时，果枝发育受抑制；温度高、水肥不当时，茎枝徒长。一般现蕾后，温度在 25℃左右时，主茎每长一节或出现一个果枝约需 3 天左右，果枝每长一节约需 6 天左右。土壤水分以田间持水量的 60%～70%为宜。另外，还要有充足的光照和适宜养分。

3. 叶及其生长　棉花的叶分为子叶、先出叶和真叶。子叶两片，一般呈茧形，对生在子叶节上。子叶是棉花出现真叶前制造有机养分的主要器官。因此，三叶期以前要注意保护好子叶。先出叶位于枝条基部的左侧或右侧，为不完全叶，叶形多为披针形或长椭圆形，易脱落。真叶有主茎叶和果枝叶，为完全叶，叶片为掌状，通常有 3～5 裂或更多。真叶出生的速度与温度有密切关系，从出苗到第一片真叶出现，气温在 14℃时需要 20 多天；16～18℃时需 10～12 天；25℃时只需 5～7 天。自第一片真叶出现以后，随气温升高，真叶出生速度逐渐加快，平均每隔 3～4 天可长出 1 片真叶。

叶片的叶龄可达70～90天，其中以出生21～28天的光合效率最高，超过60天以上的光合作用效率大大降低。据研究，丰产棉田的叶面积动态应该是：初蕾期叶面积系数0.2～0.3，初花期1.5～2，盛花期3～3.5，最大叶面积系数不宜超过4，始絮期2～2.5，以后缓慢降低。

4. 开花、授粉与受精 棉花现蕾后约经25天左右开花，开花顺序和现蕾顺序相同。开花前一天的下午，花冠急剧伸长露出苞叶，于次日早晨花冠开放，呈乳白色，到下午3、4点后逐渐萎缩，变成微红色，第二天变成紫红色并凋萎，一般到第三、第四天花冠脱落。但在开花时遇雨，花冠残留在于子房上，易引起幼铃感病脱落。棉花开花后，花粉粒落到柱头上称为授粉。棉花以自花授粉为主，因花大色艳，又有蜜腺，能引诱昆虫传粉，所以也有一部分是异花授粉的。一般异花授粉率达2%～12%，故称棉花为常异花授粉作物。授粉后，花粉粒便在枝头上萌发，约在1小时内即可伸出花粉管，开始受精过程。从授粉到受精结束一般约需24～30小时。没有受精的胚珠，就很快死亡成为不孕子。棉花授粉、受精一般以天气晴朗微风、空气湿度60～70℃和温度25～30℃时最为适宜。开花时遇雨，花粉粒吸水膨胀破裂，丧失生活力。温度低于15℃或高于35℃也会使花粉粒的生活力降低，阻碍受精，没有受精的子房就会脱落。

5. 种子和纤维的生长发育 棉籽是子房内受精的胚珠发育而成的。在棉铃发育的同时，棉籽也迅速发育，一般在受精后20～30天，棉籽体积可达到应有大小。棉籽的大小用“籽指”来表示，即100粒干棉籽的重量一般为9～12克。

棉纤维的发育过程可分为伸长期、加厚期和扭曲期3个时期。伸长期，棉花开花后第二天纤维初生细胞开始伸长，受精后5～15天伸长最快，25～30天纤维达最后长度。一般开花后3天内开始伸长的可发育成长纤维，3天后开始伸长的只能形成覆盖种子表面的短绒。影响纤维伸长的速度和长度除品种等因素外，水分是主要因素。据研究表明，当土壤水分低于田间持水量55%时，纤维缩短 2～3 毫米。此外，温度低于 16℃及光照不足，也会使棉纤维变短；加厚期，棉纤维加厚一般从开花后 20～25 天开始，每天淀积一层，直到裂铃时停止，约需 25～30 天。加厚的速度和厚度因品种和环境条件而异。在环境条件中，温度是影响纤维加厚的主要因素，在 20～30℃的温度范围内，温度越高，加厚越快；低于 20℃纤维停止加厚。因此，后期棉铃不成熟的棉纤维较多，品质差；扭曲期，此期一般在棉铃开裂后 3～5 天完成。棉籽上纤维的多少常用“衣指”或“衣分”来表示，衣指即 100 粒子棉的纤维重（克），衣分是指皮棉重占籽棉重的百分数。

第三章　棉花需水需肥规律

第一节　农作物需水规律与需水量

农田水分调节的目的就是要为作物生长创造一个良好的环境，那么对作物生长而言，究竟什么样的环境是良好的呢？这就需要了解作物的需水规律，了解作物的生长对水的需求问题。

作物需水量是农业用水的主要组成部分，也是整个国民经济中消耗水分的最主要部分。因此，它是水资源开发利用、灌溉工程规划、设计、管理的基本依据。

农田水分消耗的主要构成为植株蒸腾量、棵间蒸发量、田间渗漏量、组成植物体及光合作用等生理过程的需水量。

作物从土壤中吸收的水分，绝大部分（99.8%以上）是通过植物叶面源源不断地蒸发进入大气，其余不足0.2%的水量留在体内成为植物的组成部分。一般将农田中消耗的总水量称为田间耗水量。对于旱田，就是植株蒸腾与棵间土壤蒸发量以及田间渗漏量之和。不考虑渗漏水量，只将植株蒸腾与棵间蒸发两项所消耗的水量加起来，称为作物田间需水量，也叫田间腾发水量（表3-1）。

作物全生长期的田间耗水量称为该种作物的需水量或总需水量。各生长期或每日的需水量称为每生长期（阶段）需水量或日需水量。日需水量也叫需水（耗水）强度。任一生长期需水量占作物总需水量的反分数叫需水分配系数。

根据中国农业科学院商丘试验区“八五”期间研究结果，冬小麦苗期和成熟期土壤水分下限为田间持水量的55%～60%，其他生育阶段为田间持水量的65%～70%；土壤水分上限值，小麦、玉米在田间持水量的70%～75%，棉花苗蕾期土壤水分下限以田间持水量的50%较好，棉铃期土壤水分下限以田间持水量的60%为宜，吐絮期土壤水下限应控制在田间持水量的55%，这些可作为节水高产土壤水分调控的指标与范围。

表3-1　我国几种主要作物的田间需水量（米^3/亩）

作物	地区	年份		
		干旱年	中等年	湿润年
双季稻	华中、华东、华南	300～500	250～400	200～300
	华南	300～400	250～350	200～300
冬小麦	华北	300～500	250～400	200～350
	西北、华中	250～450	200～400	160～300
	华东	250～450	200～350	150～280
春小麦	东北	200～300	180～280	150～250
	西北	250～350	200～300	
棉花	西北	350～500	300～450	250～400
	华北	400～600	250～500	300～450
	华中、华东	400～650	300～500	250～400

第二节　棉花需水规律

棉花作为主要农作物，在我国从南到北有着广泛的种植。棉花生长期需水量为379.6毫米，一般年份有效降雨量能满足其正常生长的需求，但年际间降水量差异大，遇伏旱时也需要浇一次蕾期水或铃水。浇水量不宜过大，一般浇450～600米^2/公顷，避免土壤水分过多而使蕾铃脱落，麦棉套种的棉花5月上旬的移栽期正值小麦灌浆期，棉花营养钵移栽结合浇水，一水两用，对小麦灌浆和棉苗成活都很有利。花铃期再浇一水，灌溉定额为900～200米^2/公顷。

水是棉花植株体内含量最多的组成成分，水分占鲜重的3/4

以上。水在棉花生长的作用主要表现在：水在棉株内是很重要的溶剂，营养物质的吸收、运转、合成和分解等一切代谢活动都要以水为介质；水又是光合作用制造有机物的原料，缺水光合作用无法进行；水可以维持细胞的紧张度，保持棉株固定的形态；水的比热、汽化热都较大，导热性好，有利于棉株体温的保持。

棉花需水量是指单位面积上棉花从种到收一生中地面蒸发量与叶面蒸腾量的总和。中国农业科学院棉花研究所在河南省安阳地区的研究结果：高产棉田每亩需水量为460～620米^3。棉田需水量受地下水位深度、降水量、棉花产量、土壤持水量等因素影响，其中以前两个因素影响最大。棉田地下水位经常保持在1.5米以上时，对棉花根系的水分补给量可达100%；地下水位超过4米，直接补给量极少。1次降水量以20～59毫米对棉田的水分利用率为最高；1次降水量超过30毫米，雨后及时中耕保墒，可以顶上1次灌水。

棉花的一生可划分为5个生育期，即播种出苗期、苗期、蕾期、花铃期和吐絮期。棉花各生育时期的需水特点：苗期、蕾期需要少，花铃期需要多，吐絮以后需要又较少。

播种出苗期20厘米土层中的水分保持田间最大持水量的70%左右为宜，耗水量占总耗水量的15%以下，日耗水强度为0.5～1.5米^3/亩；现蕾后耗水量占12%～20%，日耗水强度为1.5～2.0米^3/亩；花铃期耗水量占45%～65%，日耗水强度为2.5～3.0米^3/亩；吐絮以后日耗水降为2米^3/亩以下，耗水量占10%～20%（表3-2）。

表3-2 棉花生育阶段土壤适宜含水量（田间持水量%）

生育阶段	土壤适宜含水量范围	严重影响棉花生育的含水量界限
播种期	70	—
苗期	55～65	50～55

（续）

生育阶段	土壤适宜含水量范围	严重影响棉花生育的含水量界限
蕾期	60～70	55
花铃期	70～80	60
吐絮成熟期	65 左右	50

一、播种出苗期需水规律

播种出苗期是指棉花从播种到出苗的一段时间，需 7～14 天。棉籽发芽出苗本身所消耗的水分虽然不多，但由于此期间，种子距地面近，幼根入土浅，且借助土壤水分范围小，因此足够的口墒对保证棉花出苗齐全有着重要意义。试验资料表明，播种时以 0～20 厘米土层内土壤水占田间持水量的 70%～80%较为合适，低于 70%时则表层土壤水分不足，种子吸水困难，发芽缓慢，即使发芽，也因以后水分供给不上而不能正常出苗。土壤含水量超过 85%时，由于水分过多，地温低，且空气不足，棉籽发芽出苗慢，容易染病霉烂。临播种时，如发现棉田口墒不足，要及时人工造墒或实行抗旱播种，这是棉花种植的第一次关键水。

二、苗期需水规律

苗期是从出苗到现蕾约需 40～45 天。在产量构成中，是决定株数的关键时期。棉花苗期需水量小，地面裸露，水分损耗以地面蒸发为主，需水量不多，阶段需水量仅占全生育期总需水量的 15%以下，适于棉苗生长的 1 米土层持水量以保持 55%～65%为宜，黄河流域一熟棉区在搞好播前贮水灌溉后，土壤水分适宜，不必进行灌溉。长江流域棉区棉花苗期常遇梅雨，需注意田间排水。现蕾后需水量倍增，仍以地面蒸发为主，为叶面蒸腾量的 1 倍左右；花铃期需水达到高峰；生长后期棉株需水骤降，耗损仍以叶面蒸腾为主，需水强度与蕾期近似。

棉花苗期气温还不很高，且棉苗小，叶面蒸腾和土壤蒸发的强度都较低。此期的耗水主要通过地面蒸发，此阶段耗水占全生育期总耗水量的15%左右，土壤水分以0～40厘米土层内含水占田间持水量的55%～70%为宜，土壤水分过多或过少，直接影响根系的生长，从而影响棉苗的壮弱和现蕾的早晚。河北棉区足墒播种单作棉田，现蕾前土壤含水量可以满足棉苗的生长发育需求，不必浇水。

三、蕾期需水规律

蕾期是从现蕾到开花，约需25～30天，是增果枝、增蕾数、搭丰产架子的时期。蕾期棉株生长加快，加之气温逐渐升高，土壤水分蒸发量也随之加大，对水分的需求比苗期有所增加，此阶段耗水量占总耗水量的12%～20%。棉花蕾期适宜的土壤含水量：0～60厘米土层内保持在田间持水量的60%～70%为宜，这时如受旱缺水，不仅营养体生长慢，现蕾少，而且对产量影响很大。黄河流域棉区棉花蕾期常遇干旱，应及时灌溉，每亩灌水定额以30米^{3}为宜。河北棉区一般此时底墒水已耗尽，降雨不能满足耗水需求，需于盛蕾期进行灌溉补水，这是棉花种植的第二次关键水。但灌水时应参照形态指标，不能过早，否则水肥过多，营养生长过快，生殖生长受到抑制，并易造成棉田过早封行郁蔽。

四、花铃期需水规律

花铃期是从开花到棉铃吐絮，约50～60天。花铃期是决定棉花产量的关键时期。开花至吐絮期，时间长、温度高，棉花营养生长和生殖生长都很旺盛，根深叶茂，蕾铃并增，对水分的需求最大，也是棉花对水分需求的临界期。此阶段耗水量占总耗水量的45%～65%，一般0～80厘米土层内土壤水分平均为田间持水量的70%～80%，不得低于55%。黄河流域棉区棉花盛花期进入雨季，多雨年须注意排水；但在进入雨季前降水常偏少，需适时适量灌溉，搭好丰产架子，每亩灌水定额30～40米^3。河北棉区此期进入雨季，一般年份降雨量可满足棉株生长发育需求，但特殊干旱年份若15天内无透雨出现，应及时浇小水，切不可浇大水，以免浇水后遇雨，引起徒长、郁蔽、黄萎病、烂铃等发生。

五、吐絮期需水规律

吐絮期是从棉铃开始吐絮到收花结束，约持续60～70天，吐絮期是决定棉铃重和纤维品质的关键时期。吐絮期虽然棉株已大，但由于气温逐渐降低，叶面蒸腾强度减弱，对水分的要求也逐渐减少。此阶段耗水量占总耗水量的10%～20%，土壤水分保持在田间持水量的55%～70%较为适宜。吐絮初期土壤缺水，仍应坚持灌水，防止叶片过早枯黄，以增加铃重和衣分。

第三节　棉花需肥规律

棉花是生育期长、需肥较多的作物。棉花需要的营养元素很多，已知的就有16种，即碳、氢、氧、氮、磷、钾、钙、镁、硫、铁、锌、锰、铜、钼、硼、氯，其中碳、氢、氧约占植株干重的95%，主要来自空气和水；其他各种元素总共占棉株干重的5%左右，主要来自土壤的矿物盐类。目前，棉田主要是氮、磷、钾三元素不足。据分析测定，每亩产100千克皮棉需吸收氮12千克、五氧化二磷4千克、氧化钾12千克，氮、磷、钾比例约为1∶0.3∶1。吸肥量约为禾谷类作物的5～6倍，油料作物的2～3倍。

一、棉花需肥规律

1. 氮磷钾肥料对生长发育的影响　氮磷钾三要素在棉花生育中的作用，氮素对棉花的作用最明显，时间也最长，从幼苗开始直到开花结铃期，都需要有适量的氮素供应。氮素供应适当，棉花叶色深绿，植株健壮，蕾铃多，产量高，品质好。如果初期氮素供应过多，会引起棉花徒长，如果生育中期供应不足，棉叶会变黄变小，脱落多，后期早衰，产量低，如果中后期供应过量，会引起棉花疯长，晚期减产，降低品质。磷素在生育前期能促进根系发育，使壮苗早发，对早现蕾早开花有重要作用，在生育后期能促进棉花成熟，增加铃重。钾素能起到健枝壮秆和增加抵抗不良因素的作用，钾素缺乏时，植株易感病，叶片变红，提早枯落。棉花的红叶茎枯病主要是由于缺钾造成的。

2. 棉花生育期的需肥量 产皮棉 50 千克/亩时，约需从土壤中吸收氮素（N）5～9 千克，磷素（P）2～3 千克，钾素（K）4～7 千克。

亩产皮棉 75 千克约需吸收氮素 6～11 千克、磷素 3～4 千克、钾素 6～10 千克。

亩产皮棉 100 千克约需吸收氮素 10～13 千克，磷素 4～6 千克、钾素 8～13 千克。

棉花产量不同，棉株一生中积累的氮、磷、钾比例也不相同，据李俊义等（1987）研究亩产皮棉 62.7 千克、74.3 千克及 94.7 千克的 N∶P∶K 分别为 1∶0.35∶0.71，1∶0.34∶0.73 和 1∶0.35∶0.85。三组比例表明，随着皮棉产量的提高，棉株吸钾量增加更多，从氮、磷、钾积累的绝对量看，亩产 94.7 千克皮棉的棉株同 62.7 千克相比，氮素增加了 46.0%，而钾增加了 76.7%。高产棉田应重视钾的合理施用。

棉花不同生育期吸收养分的数量是不同的。据研究，苗期吸收的氮、磷、钾的数量分别占一生吸收量的 5%、3%、3%左右，从现蕾到始花期，氮、磷、钾吸收量分别占一生吸收量的 11%、7%、9%左右，从初花到盛花期，氮、磷、钾的吸收量分别占一生吸收量的 56%、24%、42%左右，吐絮以后，对氮、磷、钾的吸收量分别占一生吸收量的 5%、14%、11%左右，由上可看出，棉花一生中各生育期的需肥规律是：吸肥高峰期在花铃期，百分率可达 60%以上，氮肥吸收高峰在前始花期至盛花期，磷钾吸收高峰在后盛花期至吐絮期。生育正常的棉株，吸收氮和钾以前、中期为多，吸收磷素以中、后期为多，因此前期和中期必须保证钾的供应，中后期保持土壤较高的供磷能力极为重要。

不同施肥水平对棉株吸收养分的动态变化有明显影响，施肥量多吸收的总量较多，中、后期棉花长势较旺，养分吸收多，施肥量少吸收总量也较少，前期吸收有相对增多的趋势。

3. 棉花的需肥特点　棉花不同阶段对氮、磷、钾需求不同。现蕾以前，吸收养分较少。现蕾后，棉株生长加快，需肥量迅速增加，吸收量比现蕾前增加 3～4 倍。初花至盛花期，营养生长与生殖生长并进，肥料需求仍以氮肥为主，但氮、钾肥需求逐日增加。盛花到吐絮初期，棉株主要进行生殖生长，相对的氮肥需求减少，磷、钾肥需求迅速增大。吐絮到收获期，顶部棉铃发育、膨大，棉纤逐渐成熟，这一阶段需肥逐渐减少，但也不宜过早停肥，以免造成顶桃脱落或纤维品质差（表 3-3）。

表 3-3　棉花不同阶段氮、磷、钾肥需求

阶段	天数（天）	氮需求比例（%）	磷需求比例（%）	钾需求比例（%）
现蕾前	20	5	4	2
现蕾至初花	25	11	7	9
初花至盛花	15	56	24	36
盛花至吐絮	40	23	51	42
吐絮至收获	60	5	14	11

棉花苗期吸收氮占 5%、磷占 3%、钾占 2%；现蕾到始花期吸收氮占 11%、磷占 7%、钾占 9%；始花到盛花期吸收氮占 56%、磷占 24%、钾占 36%；盛花到吐絮期吸收氮占 23%、磷占 52%、钾占 42%；吐絮到拔棉柴吸收氮占 5%、磷占 14%、钾占 11%。由上可看出，棉花整个生育期的需肥总趋势呈“少—多—少”的动态变化规律。苗期吸收的较少，现蕾以后吸收量显著增加，至花铃期达到吸收高峰，进入吐絮期衰退，根系吸收能力减弱，使吸收量迅速下降。棉花各生育阶段氮磷钾的吸收特点也不同，氮肥吸收高峰在前（始花期至盛花期），磷钾肥吸收高峰在后（盛花期至吐絮期），这有利于磷、钾营养应用于多结铃，促早熟上。

二、棉花施肥技术

1. 施足基肥 基肥应以有机肥为主，施用数量要根据产量要求、地力水平和肥料质量来定，亩产 50 千克皮棉，一般需亩施土杂肥 3 000～4 000 千克、饼肥 50 千克左右、磷肥 50～70 千克左右、碳酸氢铵 25～30 千克，缺钾土壤还要亩施钾肥 10～15 千克，缺硼或缺锌土壤，每亩应补施锌或硼肥 1 千克，可与有机肥掺均施或与 30 千克细干土掺均撒施，也可在盛蕾期和花铃期各喷施一次，浓度为 0.2%。如钾肥肥源不足，可用草木灰代替或用 0.5 千克生物钾拌种。施肥方法以垄下开沟施为最佳。

施用基肥宜早宜深。施用河、湖、塘泥宜在冬季施，待熟化后翌春翻埋入土中。翻埋绿肥不迟于播种或移栽前 15～20 天，深度不少于 10 厘米。施用基肥的方法和时期因气候、耕作制度和基肥种类而不同。北方一熟棉田，有机肥结合冬耕翻施为好，两熟棉区以惊蛰至春分在麦行松土沟施基肥较为适宜。麦后移栽棉田可开沟施移栽肥作基肥。

2. 分期追肥 在施足基肥的基础上，根据棉花需肥规律合理追肥。

棉花追肥的原则是：前轻，中后重，最后又轻。轻施苗肥，稳施蕾肥，重视花铃肥，补施盖顶肥。肥量分配在亩施氮 7.5～10 千克条件下，中、上等地力壤土地，氮肥施用以基肥占 40%左右，花铃肥 60%左右为宜，土壤肥力较差，质地偏砂棉田，氮肥宜分 3 次施用，即播前基肥 30%，蕾期（夏至前后）追肥 20%和花铃期（大暑前后）追施 50%。

（1）轻施苗肥 棉花出苗后，种子本身储藏的养分基本上消耗完毕，加之此时土壤温度低，养分分解慢，侧根吸收能力差，故追施一定量的化肥对促进壮苗有一定好处。苗期一般以氮肥为主，也可与磷肥、腐熟饼肥混合追施，每亩尿素 2.5 千克、饼肥 25 千克左右。

（2）稳施蕾肥 稳施蕾肥能协调棉株营养生长和生殖生长，有利于多长果枝、果节。棉花现蕾后对养分的要求开始增加，蕾期吸收氮量约占整个生育期的11%～20%，蕾期应追施一定数量的肥料，以满足棉株发棵的需要，但要防止肥多而引起徒长，故应掌握稳施、巧施。一般可在棉花现蕾初期亩施标准氮肥5～6千克，如果再配合使用饼肥15～20千克、普通过磷酸钙10～15千克效果更好。据试验，壮苗少施蕾肥比多施蕾肥增产6.4%；弱苗多施蕾肥比少施蕾肥增产8.4%；旺苗施蕾肥比不施蕾肥减产10%；旺苗多施蕾肥比不施蕾肥减产16%，这说明蕾肥施与不施、施多施少和巧施的关键。肥力低、基肥不足、棉花长势弱的棉田，应适当施一些速效性氮肥，以促进棉株增枝增蕾。

在土壤肥力较高、基肥足、棉株长势旺的棉田，则可不施速效性氮肥。为了满足花铃期对养分的大量需要及防止早衰，在盛蕾期开沟深施迟效性有机肥料，以达到“蕾期施、花期用”的目的。

对早发、苗肥少、长势差的或肥料未腐熟的棉田，应适当早施、多施。对迟发、苗肥足、长势较旺的棉田，应适当晚施。疯长棉田更应施用，以防后期早衰，但施用时间要推迟，并结合开沟晾墒，以抑制营养生长。

3. 重施花铃肥　一般早发、早衰、地瘦、追肥不足、长势弱的棉田花铃肥宜在初花期施用，晚发、雨年、地肥、追肥多、长势旺的棉田花铃肥宜在盛花期（即下部结住1～2个大铃时）施用。花铃肥一般占追肥总量的50%左右，亩施尿素10～15千克，可结合中耕开浅沟施，施后覆土。土壤干旱时掺水浇施，以提高肥效。在盛花期于棉田四周边行增施少量氮肥，能充分发挥边行增产的作用。缺硼棉田若未在底肥或当家肥中拌施硼肥，花铃期应喷硼1次，浓度为0.1%～0.2%。花铃期是棉花需要养分最多的时期，重施花铃肥对争取多坐“三桃”有明显作用。追肥数量应占全生育期追肥量的一半或更多一些。但具体操作要因地制宜，对蕾肥多、地力肥、长势旺的棉田要适当晚施，对地力差、基肥少、长势弱的棉田要适当早施，但此期追肥以初花期较好。

4. 补施盖顶肥　在重施花铃肥的基础上，立秋前后（最迟不过8月15日）每亩可施尿素5～8千克作盖顶肥，能防止棉株早衰。重施盖顶肥主要是防止棉花后期缺肥而早衰，争取多结秋桃和增加铃重。缺肥并有早衰趋势或中下部脱落严重的盖顶肥要早施。长势好，肥力足，后劲大的棉田要少施或不施。补施盖顶肥必须适时适量，否则棉株贪青晚熟，使铃重减轻，纤维品质下降。此时补施肥料一般不采用根部追肥，多采用根外追肥，该方法肥效快效果好。对缺氮棉田，每亩可喷1%～1.5%尿素溶液50～75千克；既缺磷又缺钾或有旺长贪青晚熟棉田，每亩可喷0.25%～0.3%磷酸二氢钾溶液，尤其对抗虫棉田宜早喷多喷，对于蕾铃脱落比较严重的棉田每亩可喷0.2%硼砂溶液50～70千克，以达到棉花高产的目的。

棉花一生吸收氮、磷、钾的数量，随生育时期不同而异。苗期气温低，生长慢，植株小，吸收养分少。蕾期气温逐渐升高，棉株生长加快，枝叶增大，吸肥力增强，吸收养分的数量和速度都显著增加。花铃期气温最高，棉株生长达到顶峰，是营养生长和生殖生长的旺盛期，吸肥速度快，需肥数量多。吐絮期气温逐渐下降，生长逐渐停止，吸肥能力减弱，需肥数量减少。总的吸肥趋势是两头少中间多，对氮、磷、钾吸收的高峰期为花铃期。

以棉花一生吸肥总量作为100%，各生育期吸肥百分率分别是：苗期吸收氮占5%、磷占3%、钾占2%；现蕾到始花期吸收氮占11%、磷占7%、钾占9%；始花到盛花期吸收氮占56%、磷占24%、钾占36%；盛花到吐絮期吸收氮占23%、磷占52%、钾占42%；吐絮到拔秆吸收氮占5%、磷占14%、钾占11%。由此看出，棉花在花铃期吸收氮、磷、钾总量的80%，吸收氮的高峰期在花期，吸收磷、钾的高峰期在铃期。

三、常见缺素症状

1. 棉花缺氮症　氮素供应不足时，棉株生长缓慢，植株矮小，叶片小且叶色淡，果枝数和总果节数少，蕾铃脱落多，衰老早，铃少而轻，产量低。

2. 棉花缺磷症 磷素供应不足时，棉株生长缓慢，根系生长不良，叶色暗绿，植株矮小，生殖生长受阻，结铃和成熟期推迟，铃轻籽小，不孕籽增多，纤维成熟度差，产量和品质下降。

3. 棉花缺钾症 钾肥供应不足时，棉花在苗期或蕾期，主茎中部叶片首先出现叶肉失绿，进而转为黄色，以后叶尖和边缘枯焦，向下卷曲，最后整个叶片变成红棕色；严重时叶片干枯脱落，通常称之为“红叶茎枯病”。凡患这种病的棉田，多表现棉株早衰，棉铃瘦小，吐絮不畅，纤维成熟度差，棉花产量也较低。

棉花严重缺钾，硼元素供给不足时，叶柄产生环带，棉顶芽常常坏死，植株长得矮小而分枝多，严重时棉株出现不开花、不结铃，或蕾而不花、花而不实。

4. 棉花缺锌症 锌元素供应不足时，棉花叶片小，叶脉间缺绿，以致叶片组织坏死，缺绿部分变为青铜色。

5. 棉花缺锰症 锰元素供应不足时，叶片成杯状，叶脉间失绿，严重时节间变短，植株矮化。

除氮、磷、钾以外，其他营养元素的缺乏症状一般生产上表现不十分明显。因此，营养元素的施用与否，主要根据土壤中含量的多少来确定。

四、施肥原则

据研究，每生产 50 千克皮棉，棉花约从土壤中吸收氮 13.35 千克、磷 4.65 千克、钾 13.35 千克。氮、磷、钾比例为 1∶0.3∶1。但随着产量提高，需肥量有减少趋势，因此棉花产量提高不是单纯依靠肥料因素，而是各项栽培技术措施综合作用的结果。棉花的施肥原则应以基肥为主、追肥为辅；有机肥料为主、化学肥料为辅。传统施肥技术是在施足基肥的基础上，根据棉花不同生育时期的需肥特点，掌握“轻施苗肥、稳施蕾肥、重施花铃肥、补施盖顶肥”的原则，简化施肥技术则省去苗肥、蕾肥和盖顶肥，施肥措施为“施足底肥，重施花铃肥”。

第四节　棉花日常肥水管理

一、科学施肥

1. 巧施蕾肥　棉花现蕾以后，进入营养生长和生殖生长并进时期，而仍以营养生长为主，棉花蕾期施肥既要满足棉花发棵、搭丰产架子的需要，又要防止施肥不当，造成棉株徒长。因此，要稳施、巧施。特别是对二、三类棉田，要早动手，以促为主，促控结合。一般每亩追施 10～15 千克标准氮肥。对地力差，基肥不足，棉苗长势弱的棉田，应适当早施、多施；对早发或苗肥足、长势强的棉花，应适当晚施、少施或不施。缺钾棉田可每亩追施硫酸钾 10～20 千克。

2. 重施花铃期　根据抗虫棉前期结桃多的生育特点，提倡初花期施肥，在前期施足磷钾肥的基础上，这个时期主要是重施速效氮肥。一般见花后 5 天亩施尿素 15～20 千克。施肥时应根据棉花长相和天气变化灵活掌握。

3. 稳施盖顶肥　稳施盖顶肥是防止抗虫棉早衰，尤其早发型品种、早发棉田早衰的重要措施。一般 7 月底 8 月初补施盖顶肥，最晚不要晚于 8 月 10 日，以免引起徒长，贪青晚熟，一般每亩追施尿素 7.5 千克；对中上等肥力棉田，为争取植株多结铃，增加铃重，在初花期追肥的基础上，7 月底 8 月初每亩可施尿素 3～5 千克；肥沃或麦田套种棉田少施或不施盖顶肥。

4. 叶面喷肥　一般棉田可结合治虫从 8 月中旬开始进行叶面喷肥，可喷 0.5%～1%的尿素溶液、2%～3%的过磷酸钙溶液或 800～1 000 倍的磷酸二氢钾溶液，每周 1 次，连喷 3 次。

二、抗旱除涝

1. 合理灌溉　当棉田 10～30 厘米土壤含水量小于 55%时，要及时浇水，但每次浇水不宜过多，每亩 20～30 米^3 为宜。浇水后要及时中耕松土促进根系下扎，以增强棉花后期抗旱能力。

2. 适时培土 6月底7月初浇水或下透雨后，地膜覆盖棉田可以揭膜培土。可于盛蕾期结合深中耕、破地膜、除草和培土一并进行。中耕深度8～10厘米，把地膜清除，将土培到棉株基部，以防倒伏，同时以利于以后进行排水、浇水。

3. 防除涝灾 花铃期正值汛期，雨水过大就会导致棉株徒长、营养体过大、田间郁蔽、蕾铃大量脱落，还可导致烂铃。在低洼多雨、地下水位高的地区，要挖沟排水，降低地下水位，防止棉田涝渍。做好雨季排水，保证日降雨200毫米时，雨后24小时棉田不积水。

三、适时化控

近几年，随着棉花播种面积逐年扩大，种植管理技术越来越高，但在化控方面还存在一定的弊端，如棉花浸种和苗期不用缩节胺，一旦出现旺长时才用，不但起不到控旺作用，相反还会由于使用不当造成“疙瘩病”、花蕾脱落、结桃少、成熟晚等现象。但在生产中如何理解“棉花全程化控”和如何进行化控呢？

1. 棉花全程化控 是把植物生长调节剂的应用作为一项必备的常规增产措施导入植棉业，从浸种到盛花期，根据各阶段不同目的，由低量到高量分次用药，使其与良种、传统栽培技术相结合，通过外源激素引起内源激素的变化，组成新的内外双重调控栽培技术体系。它能按照目标设计，把握合理的生育进程，塑造理想株型和田间结构，从而达到高产优质的目标。

2. 棉花使用缩节胺的主要作用 可防止植株疯长，降低株高和果枝长度，使株型紧，结构合理。用药后能促进叶绿素合成，使叶色变浓变深，从而提高对光的利用率，利于有机物的合成与积累。可促进根系生长，增强根系对土壤养分的吸收能力，提高植株抗旱抗逆能力。调节营养物质运输，合理分配光和产物，促进棉铃发育和结铃，防止烂铃和落铃，增加坐果率。

3. 应用缩节胺全程化控技术的要点 在棉花生育过程中，本着少量多次原则，用药浓度和剂量掌握前轻后重，具体时间、剂量、次数，应根据降雨和肥水管理水平，长势与长相以及用药目的灵活运用、准确把握。全生育期化控次数4～6次，一般采用浸种、苗期至蕾期、初花期和花铃期使用。

（1）*浸种* 如果棉种没有经过包衣处理，就要用缩节胺浸种。一般用10千克水加缩节胺粉剂1～2克兑成100～200毫克/千克的溶液，把选好的棉种浸泡8～12小时捞出，淋去水分即可播种。此措施对促进根系发育，增强棉苗的抗逆性具有良好的作用。

（2）*第一次喷施* 一般在盛蕾期（即50%的棉株长出第三个果枝，主茎10片叶以上），6月20日前后，亩用缩节胺0.5～1克，兑水20～30千克，快速盖顶喷施。要求喷施均匀，有必要时可根据情况适当增加次数，适当控制株型，简化整枝打叉，协调水肥管理，目的是使地上部生长速度减缓，促进根系生长，为棉花一生的根繁棵壮打好基础。由于此时正处于第一次黄萎病发病高峰之前，化控对防病减病具有重要意义，所以这次喷药很关键。

（3）*第二次喷施* 在棉花盛花期（50%的第三个果枝开了第一朵花）一般亩用1～2克，加水30～40千克喷施，可抑制旺长，优化冠层结构，推迟封行，增结优质铃数，简化中期整枝，塑造合理株形，打下丰收的架子。

（4）*第三次喷施* 在棉花花铃期，时间在7月25日左右，亩用3～5克，实现化控整枝，减少蕾铃脱落。

（5）*第四次喷施* 在8月10～20日，亩用5～10克，兑水40～50千克叶面喷施，主要是抑制后期无效枝蕾和赘芽生长，防贪青迟熟，增结早秋桃，增加铃重。

4. 使用缩节胺时注意事项

（1）*严格掌握使用条件* 缩节胺适用于肥水条件好、长势旺的棉田，天气干旱而不能保证灌溉的棉田不宜使用，在棉田受到危害以及自然灾害，生长受到抑制时不能使用。

（2）*控制好药量* 用药不宜贪多，切忌一次大量使用，尤其是苗期、蕾期和初花期严格控制药量。如果超过药量植株生长缓慢，果枝缩在一起，叶片展不开，造成大量蕾铃脱落，减产相当严重。

出现这种情况可用赤霉素及时喷施，对解除症状恢复生长有明显效果。

（3）注意水肥配合　使用缩节胺要注意肥水管理，配合恰当，绝不能因施药后叶色变深而忽视施肥浇水。

（4）喷药时注意天气变化　一般在晴天上午 10 时以前或下午 5 时左右为宜，喷施后 8 小时遇雨可重喷 1 次。

总之，一定要把化控这项有效增产措施用活、用准、用足。“用活”就是一定要根据天气、地力、苗情和“少量多次”的原则，灵活地加以运用，没有一套固定的方法可以死搬硬套。“用准”就是按要求的用药量严格掌握，不能多也不能少；药液量则根据棉株大小及生育状况，每亩 10～30 千克；喷后 6 小时内遇雨要重喷；坚持用纯度在 97％以上、杂质在 1.5％以下、正规厂家的产品；坚决不用不明化学成分的其他化控药物。“用足”就是不放过每一次喷洒机会，使化控效果发挥到最大。

第四章　棉花抗旱品种

一、邯656

1. 品种来源　该品种由邯郸市农业科学院、河北银田种业有限公司选育，2017年通过河北省农作物品种审定委员会审定，审定编号为冀审棉20170003号。

2. 主要特征特性　转基因抗虫常规棉品种。生育期平均123天，茎秆坚硬抗倒，茸毛较少，掌状叶，叶色深绿，苞叶较大，花冠乳白色，花药浅黄色，铃卵圆形，较大，吐絮肥畅。植株筒形，株高99.1厘米，单株果枝数13.2个，第一果枝节位7.1，单株成铃19.3个，铃重6.7克，子指10.8克，衣分40.9%，霜前花率92.5%。

纤维品质：农业部棉花品质监督检验测试中心检测纤维品质，2014年上半部平均长度29.9毫米，断裂比强度33.5厘牛/特克斯，马克隆值5.8，整齐度指数85.9%，纺纱均匀指数148；2015年上半部平均长度28.4毫米，断裂比强度31.6厘牛/特克斯，马克隆值5.6，整齐度指数85.1%，纺纱均匀指数137。

抗病性：河北省农林科学院植物保护研究所接种鉴定，2014年枯萎病病指0.75，黄萎病相对病指13.48，属高抗枯萎抗黄萎类型；2015年枯萎病病指2.47，黄萎病相对病指25.91，黄萎病抗病类型为“耐病”，属高抗枯萎耐黄萎类型。

3. 产量表现　2014年河北省中南部春播常规棉组区域试验，平均亩产皮棉129.8千克，亩产霜前皮棉122.4千克；2015年平均亩产皮棉119.7千克，亩产霜前皮棉109.5千克。2016年生产试验，平均亩产皮棉101.3千克，亩产霜前皮棉91.6千克。

4. 栽培技术要点　适期播种。一般于4月30日左右播种，地膜覆盖可提前到4月25日播种。每亩种植密度，中等肥力棉3 000株，肥力差的地块3 500株。施足底肥，早施重施花铃肥。7月上旬进入开花期后，亩追尿素15～20千克，或棉花专用复合肥25千克。肥力较差地块于8月初亩施尿素5～10千克，或适当喷施叶面肥，以防早衰。一般棉田7月20日左右打顶，瘦薄地可适当提早，高水肥田最晚不迟于7月底。在开花初期和花铃期，根据生长情况要少量多次适当化控。及时防治红蜘蛛、棉蚜、蓟马、盲蝽等害虫。

5. 审定意见　适宜在河北省中南部棉区黄萎病轻病地春播种植。

二、鲁棉研37

1. 品种来源　该品种由山东棉花研究中心、河北神牛农业科技有限公司、河北银田种业有限公司选育，2017年通过河北省农作物品种审定委员会审定，审定编号为冀审棉20170004号。

2. 主要特征特性　转基因抗虫常规棉品种。生育期平均125天，第一果枝靠主茎较近，果枝上扬。叶大，深绿色。铃卵圆形，结铃性强。株型介于塔形和扇形之间，株高99.8厘米，单株果枝数13.6个，第一果枝节位7，单株成铃19个，铃重6.2克，子指10.3克，衣分42%，霜前花率90.7%。

纤维品质：农业部棉花品质监督检验测试中心检测纤维品质，2015年上半部平均长度28.1毫米，断裂比强度29.5厘牛/特克斯，马克隆值5.1，整齐度指数84.2%，纺纱均匀指数132；2016年，上半部平均长度28.5毫米，断裂比强度30.8厘牛/特克斯，马克隆值5.2，整齐度指数83.3%，纺纱均匀指数131。

抗病性：河北省农林科学院植物保护研究所接种鉴定，2015年枯萎病病指4.87，黄萎病相对病指29.56，属高抗枯萎耐黄萎类型；2016年枯萎病病指1.81，黄萎病相对病指14.84，属高抗枯萎抗黄萎类型。

3. 产量表现　2015年河北省中南部春播常规棉组区域试验，

平均亩产皮棉 125.8 千克，亩产霜前皮棉 115.5 千克；2016 年同组区域试验，平均亩产皮棉 105.2 千克，亩产霜前皮棉 95.1 千克。2016 年生产试验，平均亩产皮棉 109.1 千克，亩产霜前皮棉 99.2 千克。

4. 栽培技术要点 地膜覆盖 4 月 20 日前后播种，裸地直播 4 月 20 日后播种。每亩种植密度，高肥水田 3 000 株，地力较差的地块 5 000 株。施足底肥，适当增加钾肥用量。全生育期化控。尤其是地力较好的棉田在营养生长旺盛期应严格化控，防止棉株疯长，影响棉花产量。如遇伏旱应及时浇水防止早衰。二代棉铃虫一般不防治，其他虫害防治与其他抗虫棉品种相同。

5. 审定意见 适宜在河北省中南部棉区黄萎病轻病地春播种植。

三、硕丰棉 3 号

1. 品种来源 该品种由河北春秋种业有限公司、高阳县硕丰棉花研究所选育，2017 年通过河北省农作物品种审定委员会审定，审定编号为冀审棉 20170005 号。

2. 主要特征特性 转基因抗虫常规棉品种。生育期平均 122 天，茎秆有茸毛，叶片中等大小，绿色，叶尖上翘，蕾铃苞叶较大，铃壳薄，吐絮畅。植株稍松散，株高 104.6 厘米，单株果枝数 13.4 个，第一果枝节位 7，单株成铃 20.3 个，铃重 6.8 克，子指 10.4 克，衣分 42%，霜前花率 92.1%。

纤维品质：农业部棉花品质监督检验测试中心检测纤维品质，2014 年上半部平均长度 29.1 毫米，断裂比强度 31.3 厘牛/特克斯，马克隆值 5.5，整齐度指数 85.2%，纺纱均匀指数 139；2015 年上半部平均长度 28.3 毫米，断裂比强度 29.1 厘牛/特克斯，马克隆值 5.3，整齐度指数 83.9%，纺纱均匀指数 128。

抗病性：河北省农林科学院植物保护研究所接种鉴定，2014 年枯萎病病指 1，黄萎病相对病指 11.24，属高抗枯萎抗黄萎类型；2015 年枯萎病病指 3.05，黄萎病相对病指 35.2，属高抗枯萎感黄萎类型。

3. 产量表现　2014 年河北省中南部春播棉组区域试验，平均亩产皮棉 139.5 千克，亩产霜前皮棉 131.5 千克；2015 年同组区域试验，平均亩产皮棉 126.6 千克，亩产霜前皮棉 115.0 千克。2016 年生产试验，平均亩产皮棉 104.5 千克，亩产霜前皮棉 93.7 千克。

4. 栽培技术要点　适期播种，在墒情充足的情况下，地膜棉 4 月 15 日前后播种。

每亩种植密度，中上等地力 2 300～2 500 株，一般地力 2 500～2 800 株。施足底肥，早施重施花铃肥。6 月中下旬结合浇水，追施花铃肥，揭除地膜，中耕培土，防止倒伏。根据棉花长势及天气情况，酌情使用生长调节剂。注意抗旱浇水。注意及时防治棉蚜、盲蝽、红蜘蛛、棉铃虫、甜菜夜蛾等害虫。

5. 审定意见　适宜在河北省中南部棉区黄萎病轻病地春播种植。

四、邯棉 10 号

1. 品种来源　该品种由邯郸市农业科学院、河北银田种业有限公司选育，2017 年通过河北省农作物品种审定委员会审定，审定编号为冀审棉 20170006 号。

2. 主要特征特性　转基因抗虫杂交棉品种。生育期平均 123 大，果枝上举，叶片中等，叶色绿。铃卵圆形，较大。吐絮肥畅，易采摘。株型紧凑，株高 94 厘米，单株果枝数 13.3 个，第一果枝节位 6.2，单株成铃 18.3 个，铃重 6.9 克，子指 11.4 克，衣分 41.1%，霜前花率 91.6%。

纤维品质：农业部棉花品质监督检验测试中心检测纤维品质，2015 年上半部平均长度 29.2 毫米，断裂比强度 28.8 厘牛/特克斯，马克隆值 5.5，整齐度指数 83.9%，纺纱均匀指数 127；2016 年上半部平均长度 29.9 毫米，断裂比强度 30.8 厘牛/特克斯，马克隆值 5.5，整齐度指数 83.9%，纺纱均匀指数 134。

抗病性：河北省农林科学院植物保护研究所接种鉴定，2015年枯萎病病指1.51，黄萎病相对病指25.45，属高抗枯萎耐黄萎类型。2016年枯萎病病指1.38，黄萎病相对病指10.24，属高抗枯萎抗黄萎类型。

3. 产量表现 2015年河北省中南部春播杂交棉组区域试验，平均亩产皮棉117.5千克，亩产霜前皮棉109.8千克；2016年同组区域试验，平均亩产皮棉104.4千克，亩产霜前皮棉94.0千克。2016年生产试验，平均亩产皮棉107.3千克，亩产霜前皮棉97.3千克。

4. 栽培技术要点 适宜播期为地膜棉田4月20～25日，平播棉田4月25～30日。每亩种植密度，中等肥水棉田3 500～4 000株，高肥水棉田3 000～3 500株。施足底肥，增加钾肥，重施花铃肥，一般每亩追施尿素20千克，酌情轻施盖顶肥。洇地造墒，适当推迟第一次浇水时间。开花后遇旱及时浇水。强调早打顶、打小顶。可以使用缩节胺进行全程化控，掌握少量多次的原则。科学及时防治地老虎、棉蚜、红蜘蛛、盲蝽和叶婵等虫害。

5. 审定意见 适宜在河北省中南部棉区黄萎病轻病地春播种植。

五、硕杂棉1号

1. 品种来源 该品种由保定硕丰农产股份有限公司选育，2017年通过河北省农作物品种审定委员会审定，审定编号为冀审棉20170008号。

2. 主要特征特性 转基因抗虫杂交棉品种。生育期平均125天，茎秆有茸毛。掌状叶片，中等大小，淡绿色。铃卵圆形，铃壳薄，吐絮畅。株型稍松散，塔形，株高93.3厘米，单株果枝数11个，第一果枝节位6.1，单株成铃17.9个，铃重6.5克，子指10.8克，衣分41.3%，霜前花率96.9%。

纤维品质：农业部棉花品质监督检验测试中心检测纤维品质，2014年上半部平均长度29.5毫米，断裂比强度29.9厘牛/特克斯，马克隆值5.2，整齐度指数84.8%，纺纱均匀指数136；2015年上半部平均长度28.4毫米，断裂比强度30.4厘牛/特克斯，马克隆值5.3，整齐度指数84.6%，纺纱均匀指数134。

抗病性：河北省农林科学院植物保护研究所接种鉴定，2014年枯萎病病指1.38，黄萎病相对病指24.04，属高抗枯萎耐黄萎类型；2015年枯萎病病指1.82，黄萎病相对病指39.07，属高抗枯萎感黄萎类型。

3. 产量表现　2014年河北省中南部春播杂交棉组区域试验，平均亩产皮棉117.6千克，亩产霜前皮棉114.4千克；2015年同组区域试验，平均亩产皮棉124.8千克，亩产霜前皮棉120.5千克。2016年生产试验，平均亩产皮棉112.4千克，亩产霜前皮棉110.1千克。

4. 栽培技术要点　在墒情充足的情况下，地膜棉4月15日前后播种。每亩种植密度，中上等地力2 500株，一般地力2 500～3 000株。平衡施肥，施足底肥，早施重施花铃肥，适时揭膜，中耕培土，防止倒伏。根据棉花长势及天气情况，酌情使用生长调节剂。注意抗旱浇水。及时防治棉蚜、盲蝽、红蜘蛛、棉铃虫、甜菜夜蛾等害虫。

5. 审定意见　适宜在河北省中南部棉区黄萎病轻病地春播种植。

六、旱农1号

1. 品种来源　该品种由国家半干旱农业工程技术研究中心、河北万嘉种业有限公司选育，2018年通过河北省农作物品种审定委员会审定，审定编号为2018001号。

2. 主要特征特性　转基因抗虫常规棉品种。植株较松散，塔形，叶片中等，叶色绿色，整个生育期生长势和整齐度较好，铃卵圆形，吐絮畅、集中。平均生育期122天，株高103.3厘米，单株果枝数13.6个，第一果枝节位6.4，单株成铃18.2个，铃重6.3克，子指10.7克，衣分42.3%，霜前花率89.1%。

纤维品质：农业部棉花品质监督检验测试中心检测，2015 年上半部平均长度 28.5 毫米，断裂比强度 28.9 厘牛/特克斯，马克隆值 5，整齐度指数 85.2%，纺纱均匀指数 136；2016 年上半部平均长度 28.5 毫米，断裂比强度 29.5 厘牛/特克斯，马克隆值 5，整齐度指数 84.3%，纺纱均匀指数 133。

抗病性：河北省农林科学院植物保护研究所鉴定，2015 年枯萎病病指 3.23，枯萎病抗病类型为“高抗”，黄萎病相对病指 34.34，黄萎病抗病类型为“耐病”；2016 年枯萎病病指 4.16，枯萎病抗病类型为“高抗”，黄萎病相对病指 19.52，黄萎病抗病类型为“抗病”。

3. 产量表现 2015 年冀中南春播常规组区域试验，平均亩产皮棉 123 千克，亩产霜前皮棉 112.3 千克；2016 年同组区域试验，平均亩产皮棉 100.49 千克，亩产霜前皮棉 87.46 千克。2017 年生产试验，平均亩产皮棉 99.5 千克，亩产霜前皮棉 94.3 千克。

七、邯棉 6101

1. 品种来源 该品种由邯郸市农业科学院选育，2018 年通过河北省农作物品种审定委员会审定，审定编号为冀审棉 20180002 号。

2. 主要特征特性 转基因抗虫常规棉品种。株型松散，叶片中等大小，铃卵圆形，铃皮薄，吐絮畅而集中，易采摘。平均生育期 124 天，株高 97.9 厘米，单株果枝数 12.7 个，第一果枝节位 6.4，单株成铃 17.5 个，铃重 6.4 克，子指 11.8 克，衣分 39.5%，霜前花率 88.6%。

纤维品质：农业部棉花品质监督检验测试中心检测，2016 年上半部平均长度 29.7 毫米，断裂比强度 32.3 厘牛/特克斯，马克隆值 5.1，整齐度指数 84.0%，纺纱均匀指数 141。2017 年上半部平均长度 29.9 毫米，断裂比强度 32.5 厘牛/特克斯，马克隆值 5.2，整齐度指数 84.9%，纺纱均匀指数 146。

抗病性：河北省农林科学院植物保护研究所鉴定，2016 年枯萎病病指 6.39，枯萎病抗病类型为“抗病”，黄萎病相对病指 9.66，黄萎病抗病类型为“高抗”；2017 年枯萎病病指 0.48，枯萎病抗病类型为“高抗”，黄萎病相对病指 18.99，黄萎病抗病类型为“抗病”。

3. 产量表现　2016 年冀中南春播组区域试验，平均亩产皮棉 105.4 千克，亩产霜前皮棉 92.7 千克；2017 年同组区域试验，平均亩产皮棉 109.3 千克，亩产霜前皮棉 97.6 千克。2017 年生产试验，平均亩产皮棉 107.0 千克，亩产霜前皮棉 95.0 千克。

八、国欣棉 25

1. 品种来源　该品种由新疆国欣种业有限公司选育，2018 年通过河北省农作物品种审定委员会审定，审定编号为冀审棉 20180003 号。

2. 主要特征特性　转基因抗虫常规棉品种。株型为塔形，叶片中等，结铃集中，铃大，卵圆形，吐絮畅。平均生育期 124 天。株高 97.8 厘米，单株果枝数 13.1 个，第一果枝节位 7.0，单株成铃 16.9 个，铃重 6.9 克，子指 11.6 克，衣分 39.9%，霜前花率 91.4%。

纤维品质：农业部棉花品质监督检验测试中心检测，2016 年上半部平均长度 28.8 毫米，断裂比强度 30.4 厘牛/特克斯，马克隆值 5.4，整齐度指数 83.0%，纺纱均匀指数 127。2017 年上半部平均长度 30.1 毫米，断裂比强度 30.6 厘牛/特克斯，马克隆值 5.5，整齐度指数 84.4%，纺纱均匀指数 136。

抗病性：河北省农林科学院植物保护研究所鉴定，2016 年枯萎病病指 1.03，枯萎病抗病类型为“高抗”，黄萎病相对病指 12.42，黄萎病抗病类型为“抗病”；2017 年枯萎病病指 1.18，枯萎病抗病类型为“高抗”，黄萎病相对病指 33.65，黄萎病抗病类型为“耐病”。

3. 产量表现　2016 年冀中南春播常规组区域试验，平均亩产皮棉 110.0 千克，亩产霜前皮棉 98.9 千克；2017 年同组区域试验，平均亩产皮棉 117.3 千克，亩产霜前皮棉 106.6 千克。2017 年生产试验，平均亩产皮棉 111.7 千克，亩产霜前皮棉 101.7 千克。

九、冀农大棉 24

1. 品种来源 该品种由河北农业大学选育，2018 年通过河北省农作物品种审定委员会审定，审定编号为冀审棉 20180004 号。

2. 主要特征特性 转基因抗虫常规棉品种。株型较紧凑，塔形，结铃性强，铃卵圆形，吐絮好，易采摘。平均生育期 124 天，株高 94.8 厘米，单株果枝数 13.6 个，第一果枝节位 6.8，单株成铃 18.0 个，铃重 6.0 克，子指 11.0 克，衣分 39.4%，霜前花率 89.9%。

纤维品质：农业部棉花品质监督检验测试中心检测，2016 年上半部平均长度 31.0 毫米，断裂比强度 30.4 厘牛/特克斯，马克隆值 5.1，整齐度指数 83.6%，纺纱均匀指数 138。2017 年上半部平均长度 28.5 毫米，断裂比强度 29.8 厘牛/特克斯，马克隆值 5.4，整齐度指数 84.9%，纺纱均匀指数 134。

抗病性：河北省农林科学院植物保护研究所鉴定，2016 年枯萎病病指 8.79，枯萎病抗病类型为“抗病”，黄萎病相对病指 11.01，黄萎病抗病类型为“抗病”；2017 年枯萎病病指 1.70，枯萎病抗病类型为“高抗”，黄萎病相对病指 29.72，黄萎病抗病类型为“耐病”。

3. 产量表现 2016 年冀中南春播常规组区域试验，平均亩产皮棉 102.1 千克，亩产霜前皮棉 89.2 千克；2017 年同组区域试验，平均亩产皮棉 108.7 千克，亩产霜前皮棉 100.5 千克。2017 年生产试验，平均亩产皮棉 105.0 千克，亩产霜前皮棉 96.6 千克。

十、冀 1518

1. 品种来源 该品种由河北省农林科学院棉花研究所选育，2018 年通过河北省农作物品种审定委员会审定，审定编号为冀审棉 20189001 号。

2. 主要特征特性　转基因抗虫杂交棉品种。株型为塔形，较松散；叶片掌状，中等大小，叶色深绿。第一果枝节位高，茎叶茸毛较多，茎秆坚硬，单株结铃性较好，铃较大，卵圆形，上中下结铃均匀，铃形一致。平均生育期 121 天，株高 99.5 厘米，第一果枝节位 6.8 节，高度 26.2 厘米，单株果枝数 12.5 个，果枝夹角 68.4 度，单株结铃数 11.9 个，吐絮率 76.5%。铃重 6.4 克，子指 11.1 克，衣分 40.24%。

纤维品质：农业部棉花品质监督检验测试中心检测，2016 年上半部平均长度 30.1 毫米，断裂比强度 31.7 厘牛/特克斯，马克隆值 4.7，伸长率 5.3%，整齐度指数 84.3%，反射率 73.1%，黄度 7.1，纺纱均匀性指数 143。2017 年上半部平均长度 30.7 毫米，断裂比强度 30.5 厘牛/特克斯，马克隆值 5.1，伸长率 5.3%，整齐度指数 84.8%，反射率 75.8%，黄度 7.2，纺纱均匀指数 141。

抗病性：河北省农林科学院植物保护研究所鉴定，2016 年枯萎病指 0.62，枯萎病抗病类型为“高抗”，黄萎病相对病指 19.84，黄萎病抗病类型为“抗病”。2017 年枯萎病指 2.95，枯萎病抗病类型为“高抗”，黄萎病相对病指 31.91，黄萎病抗病类型为“耐病”。

3. 产量表现　2016 年自行开展机采棉组区域试验，平均亩产皮棉 104.8 千克；2017 年同组区域试验，平均亩产皮棉 111.2 千克。2017 年生产试验，平均亩产皮棉 116.7 千克。

十一、冀棉 646

1. 品种来源　该品种由河北乐土种业有限公司、河北省农林科学院棉花研究所选育，2018 年通过河北省农作物品种审定委员会审定，审定编号为冀审棉 20189002 号。

2. 主要特征特性　转基因抗虫常规棉品种。株形较紧凑，果枝较短，第一果枝节位较高。单株结铃性较好，铃较大，卵圆形。

平均生育期 122 天，株高 97.2 厘米，第一果枝节位 7.0 节，高度 26.2 厘米，单株果枝数 12.3 个，果枝夹角 66.9 度，单株结铃数 11.7 个，吐絮率 72.9%。铃重 6.0 克，子指 11.0 克，衣分 39.71%。

纤维品质：农业部棉花品质监督检验测试中心测试检测，2016 年上半部平均长度 31.3 毫米，断裂比强度 30.2 厘牛/特克斯，马克隆值 5.0，伸长率 5.2%，整齐度指数 85.8%，反射率 72.8%，黄度 7.0，纺纱均匀性指数 146。2017 年上半部平均长度 30.8 毫米，断裂比强度 29.9 厘牛/特克斯，马克隆值 5.3，伸长率 4.9%，整齐度指数 84.1%，反射率 75.0%，黄度 7.2，纺纱均匀指数 135。

抗病性：河北省农林科学院植物保护研究所鉴定，2016 年枯萎病指 8.75，枯萎病抗病类型为“抗病”，黄萎病相对病指 10.98，黄萎病抗病类型为“抗病”。2017 年枯萎病指 7.98，枯萎病抗病类型为“抗病”，黄萎病相对病指 19.34，黄萎病抗病类型为“抗病”。

3. 产量表现 2016 年自行开展机采棉组区域试验，平均亩产皮棉 103.0 千克；2017 年同组区域试验，平均亩产皮棉 105.5 千克。2017 年生产试验，平均亩产皮棉 109.6 千克。

十二、衡棉 1670

1. 品种来源 该品种由河北省农林科学院旱作农业研究所选育，2019 年通过河北省农作物品种审定委员会审定，审定编号为冀审棉 20190013 号。

2. 主要特征特性 转基因抗虫常规棉品种。平均生育期 124 天。株型为塔形，叶片较小，叶色绿色。铃中等偏大，卵圆形。株高 102 厘米，第一果枝节位 7.2 节，单株果枝数 12.4 个，单株结铃数 15.7 个。铃重 7.3 克，子指 12.6 克，衣分 40.6%，霜前花率 90.9%，霜前花僵瓣率 2.7%。

纤维品质：农业部棉花品质监督检验测试中心检测平均结果，

上半部平均长度 30.1 毫米，断裂比强度 32.8 厘牛/特克斯，马克隆值 5.3，整齐度指数 84.3%，纺纱均匀指数 143。

抗病性：河北省农林科学院植物保护研究所鉴定，2016 年高抗枯萎病（病指 0.7），抗黄萎病（相对病指 10.7）；2017 年抗枯萎病（病指 5.7），耐黄萎病（相对病指 24.9）。

3. 产量表现　2016 年河北省中南部春播常规棉组区域试验，平均亩产皮棉 103.8 千克，亩产霜前皮棉 93.9 千克；2017 年河北省春播常规棉组区域试验，平均亩产皮棉 107.2 千克，亩产霜前皮棉 97.7 千克。2018 年生产试验，平均亩产皮棉 105.6 千克，亩产霜前皮棉 96.0 千克。

4. 栽培技术要点　适宜播期为露地 4 月 25～30 日，地膜 4 月 18～25 日。适宜密度为高水肥地块 2 500～3 000 株/亩，中等水肥地块 2 800～3 500 株/亩，低水肥地块 3 500～4 000 株/亩。施足底肥，增施钾肥，花铃期亩追施尿素 10～20 千克。合理化控，根据少量多次、前轻后重的原则灵活掌握，现蕾期亩施缩节胺 0.5 克，初花期 1.5～2 克，花铃期 2.5～3 克。及时防治蓟马、蚜虫、盲蝽等非靶标害虫。棉铃虫应视三、四代发生情况酌情防治。

5. 审定意见　适宜在河北省唐山、廊坊市及其以南棉区春播种植。

十三、冀棉 803

1. 品种特性　该品种由河北省农林科学院棉花研究所选育，2019 年通过河北省农作物品种审定委员会审定，审定编号为冀审棉 20190014 号。

2. 主要特征特性　转基因抗虫常规棉品种。生育期 123 天左右。株型为塔形，叶片中等大小，叶色绿色。铃卵圆形。株高 105 厘米左右，第一果枝节位 7.4 节左右，单株果枝数 13.2 个左右，单株结铃数 17.7 个左右。铃重 6.1 克，子指 12.2 克，衣分 38.0%，霜前花率 88.0%，霜前花僵瓣率 2.7%。

纤维品质：农业部棉花品质监督检验测试中心检测平均结果，

上半部平均长度 30.6 毫米，断裂比强度 33.6 厘牛/特克斯，马克隆值 5.2，整齐度指数 85.0%，纺纱均匀指数 150。

抗病性：河北省农林科学院植物保护研究所鉴定，2017 年高抗枯萎病（病指 1.9），耐黄萎病（相对病指 34.3）；2018 年抗枯萎病（病指 7.18），耐黄萎病（相对病指 28.64）。

3. 产量表现 2017 年河北省春播常规棉组区域试验，平均亩产皮棉 105.8 千克，亩产霜前皮棉 92.8 千克；2018 年同组区域试验，平均亩产皮棉 95.3 千克，亩产霜前皮棉 83.9 千克。2018 年生产试验，平均亩产皮棉 102.4 千克，亩产霜前皮棉 93.1 千克。

4. 栽培技术要点 适宜播期为 4 月 20 日左右。适宜密度为中等地力地块 2 500～3 000 株/亩，旱薄地 3 500 株/亩左右。播前造墒或抢墒播种。地膜覆盖棉田建议蕾期揭膜，并及时浇水中耕。亩施复合肥 50 千克作底肥。合理化控，喷施缩节胺的时间和药量根据田间生长情况和降水、浇水情况而定，一般盛蕾期 1.0 克左右，花铃期 3.0 克左右。及时防治蚜虫、盲蝽、红蜘蛛等害虫。

5. 审定意见 适宜在河北省唐山、廊坊市及其以南棉区春播种植。

十四、神牛棉 10 号

1. 品种特性 该品种由河北神牛农业科技有限公司选育，2019 年通过河北省农作物品种审定委员会审定，审定编号为冀审棉 20190015 号。

2. 主要特征特性 转基因抗虫常规棉品种。生育期 122 天左右。株型为塔形，半松散，叶片较大，叶色浓绿。铃卵圆形。株高 95 厘米左右，第一果枝节位 8.3 节左右，单株果枝数 14.2 个左右，单株结铃数 18.3 个左右。铃重 6.0 克，子指 10.3 克，衣分 41.4%，霜前花率 90.6%，霜前花僵瓣率 3.3%。

纤维品质：农业部棉花品质监督检验测试中心检测平均结果，上半部平均长度 28.7 毫米，断裂比强度 31.7 厘牛/特克斯，马克隆值 5.3，整齐度指数 83.0%，纺纱均匀指数 131。

抗病性：河北省农林科学院植物保护研究所鉴定，2017 年耐枯萎病（病指 10.9），耐黄萎病（相对病指 28.7）；2018 年抗枯萎病（病指 6.01），耐黄萎病（相对病指 30.69）。

3. 产量表现　2017 年河北省春播常规棉组区域试验，平均亩产皮棉 111.0 千克，亩产霜前皮棉 100.9 千克；2018 年同组区域试验，平均亩产皮棉 98.5 千克，亩产霜前皮棉 88.7 千克。2018 年生产试验，平均亩产皮棉 105.2 千克，亩产霜前皮棉 96.9 千克。

4. 栽培技术要点　适宜播期为露地 4 月 15～25 日。适宜密度为 3 000～3 500 株/亩。播种前施足农家肥，氮磷钾配方施肥，花铃期追施氮钾肥，后期补施盖顶肥。合理化控，根据少量多次、前轻后重的原则灵活掌握，蕾期亩喷施缩节胺 0.5～1.0 克，花期 1.5～2.0 克，花铃中后期 4.0～5.0 克。及时防治病虫害。

5. 审定意见　适宜在河北省唐山、廊坊市及其以南棉区春播种植。

十五、金农 969

1. 品种特性　该品种由石家庄市农林科学研究院、天津金世神农种业有限公司选育，2019 年通过河北省农作物品种审定委员会审定，审定编号为冀审棉 20190016 号。

2. 主要特征特性　转基因抗虫常规棉品种。生育期 122 天左右。株型为塔形，松散，叶片较大，叶色中绿。铃长卵圆形。株高 105 厘米左右，第一果枝节位 7.3 节左右，单株果枝数 12.9 个左右，单株结铃数 17.6 个左右。铃重 6.2 克，子指 11.5 克，衣分 40.0%，霜前花率 89.1%，霜前花僵瓣率 2.6%。

纤维品质：农业部棉花品质监督检验测试中心检测平均结果，上半部平均长度 28.5 毫米，断裂比强度 30.0 厘牛/特克斯，马克隆值 5.3，整齐度指数 82.9%，纺纱均匀指数 125。

抗病性：河北省农林科学院植物保护研究所鉴定，2017 年高抗枯萎病（病指 4.8），耐黄萎病（相对病指 20.7）；2018 年抗枯萎病（病指 8.63），耐黄萎病（相对病指 30.58）。

3. 产量表现 2017年河北省春播常规棉组区域试验，平均亩产皮棉109.1千克，亩产霜前皮棉96.9千克；2018年同组区域试验，平均亩产皮棉95.7千克，亩产霜前皮棉84.9千克。2018年生产试验，平均亩产皮棉104.1千克，亩产霜前皮棉94.1千克。

4. 栽培技术要点 适宜播期为地膜棉田4月20日左右，直播棉田4月25～30日。适宜密度为高水肥地块2 500～2 800株/亩，中等水肥地块2 800～3 000株/亩，瘠薄旱地3 500～4 000株/亩。施足底肥，播种前亩施磷酸二铵10～15千克、钾肥15～20千克、尿素10千克，初花期前亩施尿素15千克，盛花期后遇旱及时浇水。合理化控，亩喷施缩节胺蕾期2克，初花期2～3克，花铃期3～4克，瘠薄旱地酌情使用。及时防治棉铃虫、蚜虫、红蜘蛛等害虫。

5. 审定意见 适宜在河北省唐山、廊坊市及其以南棉区春播种植。

十六、国欣棉26

1. 品种特性 该品种由河间市国欣农村技术服务总会、新疆国欣种业有限公司选育，2019年通过河北省农作物品种审定委员会审定，审定编号为冀审棉20190017号。

2. 主要特征特性 转基因抗虫常规棉品种。生育期125天左右。株型为塔形，叶片中等。铃卵圆形。株高98厘米左右，第一果枝节位7.2节左右，单株果枝数13.0个左右，单株结铃数17.2个左右。铃重7.0克，子指11.7克，衣分40.7%，霜前花率90.8%，霜前花僵瓣率2.9%。

纤维品质：农业部棉花品质监督检验测试中心检测平均结果，上半部平均长度29.6毫米，断裂比强度30.8厘牛/特克斯，马克隆值5.5，整齐度指数83.6%，纺纱均匀指数132。

抗病性：河北省农林科学院植物保护研究所鉴定，2016年高抗枯萎病（病指0.7），高抗黄萎病（相对病指8.2）；2017年高抗枯萎病（病指1.2），耐黄萎病（相对病指27.5）。

3. 产量表现　2016年河北省中南部春播常规棉组区域试验，平均亩产皮棉115.1千克，亩产霜前皮棉104.8千克；2017年河北省春播常规棉组区域试验，平均亩产皮棉119.2千克，亩产霜前皮棉107.8千克。2018年生产试验，平均亩产皮棉110.5千克，亩产霜前皮棉102.1千克。

4. 栽培技术要点　适宜播期为地膜棉田4月中下旬。适宜密度为中等地力地块3 000株/亩左右，瘠薄旱地3 500株/亩以上。施足底肥，亩施磷酸二铵25千克、钾肥15千克，花铃期亩追施尿素15千克。合理化控，根据棉花长势长相，掌握少量多次的原则，首次化控时间应在盛蕾期。及时防治盲蝽、蚜虫等害虫，一般年份二代棉铃虫不需防治，爆发年份应及时防治。

5. 审定意见　适宜在河北省唐山、廊坊市及其以南棉区春播种植。

十七、MH335223

1. 品种特性　该品种由中国农业科学院棉花研究所、河北省农林科学院粮油作物研究所、河北冀丰棉花科技有限公司选育，2019年通过河北省农作物品种审定委员会审定，审定编号为冀审棉20190018号。

2. 主要特征特性　转基因抗虫常规棉品种。生育期124天左右。株型为塔形，较松散，叶片中等大小，叶色中绿。铃卵圆形。株高100厘米左右，第一果枝节位7.1节左右，单株果枝数12.6个左右，单株结铃数16.4个左右。铃重6.5克，子指11.2克，衣分38.9%，霜前花率90.6%，霜前花僵瓣率2.4%。

纤维品质：农业部棉花品质监督检验测试中心检测平均结果，上半部平均长度30.5毫米，断裂比强度30.9厘牛/特克斯，马克隆值5.0，整齐度指数83.8%，纺纱均匀指数139。

抗病性：河北省农林科学院植物保护研究所鉴定，2016年耐枯萎病（病指10.4），抗黄萎病（相对病指11.8）；2017年高抗枯萎病（病指2.9），耐黄萎病（相对病指33.1）。

3. 产量表现 2016 年河北省中南部春播常规棉组区域试验，平均亩产皮棉 99.7 千克，亩产霜前皮棉 89.9 千克；2017 年河北省春播常规棉组区域试验，平均亩产皮棉 103.5 千克，亩产霜前皮棉 94.0 千克。2018 年生产试验，平均亩产皮棉 103.0 千克，亩产霜前皮棉 94.5 千克。

4. 栽培技术要点 适宜播期为地膜棉田 4 月 15～25 日，直播棉田 4 月 25 日至 5 月 1 日。适宜密度为高水肥地块 2 500～2 800 株/亩左右，中等水肥地块 3 000～3 500 株/亩，旱薄地 4 000 株/亩左右。施足底肥，重施初花肥，现蕾后喷施硼肥，适当补施盖顶肥。合理化控，根据棉花长势长相，掌握少量多次的原则，亩施缩节胺蕾期 1.5～2.0 克，花铃期 2.5～3.0 克。及时防治盲蝽、蚜虫、红蜘蛛、灰飞虱等害虫，一般年份二代棉铃虫不需防治，爆发年份应及时防治，三、四代棉铃虫当百株二龄以上幼虫超过 5 头时及时防治。

5. 审定意见 适宜在河北省唐山、廊坊市及其以南棉区春播种植。

十八、冀农大 23

1. 品种特性 该品种由河北农业大学选育，2019 年通过河北省农作物品种审定委员会审定，审定编号为冀审棉 20190019 号。

2. 主要特征特性 转基因抗虫常规棉品种。生育期 123 天左右。株型为塔形，叶片中等大小。铃卵圆形。株高 98 厘米左右，第一果枝节位 7.3 节左右，单株果枝数 12.6 个左右，单株结铃数 16.1 个左右。铃重 6.7 克，子指 12.7 克，衣分 38.0%，霜前花率 92.0%，霜前花僵瓣率 2.4%。

纤维品质：农业部棉花品质监督检验测试中心检测平均结果，上半部平均长度 30.1 毫米，断裂比强度 32.8 厘牛/特克斯，马克隆值 5.1，整齐度指数 84.3%，纺纱均匀指数 144。

抗病性：河北省农林科学院植物保护研究所鉴定，2016 年高抗枯萎病（病指 0.8），抗黄萎病（相对病指 16.9）；2017 年高抗枯萎病（病指 1.2），耐黄萎病（相对病指 22.5）。

3. 产量表现　2016 年河北省中南部春播常规棉组区域试验，平均亩产皮棉 100.9 千克，亩产霜前皮棉 93.2 千克；2017 年河北省春播常规棉组区域试验，平均亩产皮棉 107.1 千克，亩产霜前皮棉 95.6 千克。2018 年生产试验，平均亩产皮棉 106.6 千克，亩产霜前皮棉 99.5 千克。

4. 栽培技术要点　适宜播期为 4 月 20～30 日。适宜密度为高水肥地块 2 800～3 000 株/亩左右，中等水肥地块 3 000～3 500 株/亩。施足底肥，播种前亩施有机肥 4～5 米^3、尿素 10～15 千克、磷酸二铵 20～25 千克、氯化钾 10～15 千克。初花期、盛花期和结铃期施肥浇水，8 月 10 日前补施一次盖顶肥。及时防治盲蝽、蚜虫、红蜘蛛等害虫，一般年份二代棉铃虫不需防治，爆发年份应及时防治。

5. 审定意见　适宜在河北省唐山、廊坊市及其以南棉区春播种植。

十九、冀石 265

1. 品种特性　该品种由石家庄市农林科学研究院选育，2019 年通过河北省农作物品种审定委员会审定，审定编号为冀审棉 20190020 号。

2. 主要特征特性　转基因抗虫常规棉品种。生育期 124 天左右。株型为塔形，松散，叶片中等大小，叶色淡绿。铃卵圆形。株高 106 厘米左右，第一果枝节位 7.3 节左右，单株果枝数 13.3 个左右，单株结铃数 17.6 个左右。铃重 6.7 克，子指 11.7 克，衣分 38.3%，霜前花率 90.0%，霜前花僵瓣率 3.3%。

纤维品质：农业部棉花品质监督检验测试中心检测平均结果，上半部平均长度 29.8 毫米，断裂比强度 31.7 厘牛/特克斯，马克隆值 5.4，整齐度指数 84.2%，纺纱均匀指数 138。

抗病性：河北省农林科学院植物保护研究所鉴定，2016 年抗枯萎病（病指 8.2），高抗黄萎病（相对病指 6.0）；2017 年抗枯萎病（病指 9.8），耐黄萎病（相对病指 25.1）。

3. 产量表现 2016 年河北省中南部春播常规棉组区域试验，平均亩产皮棉 99.4 千克，亩产霜前皮棉 88.9 千克；2017 年河北省春播常规棉组区域试验，平均亩产皮棉 110.9 千克，亩产霜前皮棉 99.8 千克。2018 年生产试验，平均亩产皮棉 104.8 千克，亩产霜前皮棉 95.4 千克。

4. 栽培技术要点 适宜播期为地膜棉田 4 月 20 日左右，直播棉田 4 月 25～30 日。适宜密度为高水肥地块 2 800～3 000 株/亩，中等水肥地块 3 000～3 500 株/亩，瘠薄旱地 3 500～4 500 株/亩。施足底肥，播种前亩施磷酸二铵 10～15 千克、钾肥 15～20 千克、尿素 10 千克。初花前期追肥浇水，亩施尿素 15 千克，盛花期后及时浇水防止早衰，8 月 10 日前根据需要补施盖顶肥，亩施尿素 6 千克。根据棉田长势，适当化控，一般至少在蕾期、初花期、花铃期各喷一次缩节胺，用量分别为 2 克、2～3 克、3～4 克，瘠薄旱地酌情使用。及时防治棉铃虫、蚜虫、红蜘蛛等害虫。

5. 审定意见 适宜在河北省唐山、廊坊市及其以南棉区春播种植。

二十、冀 968

1. 品种特性 该品种由河北省农林科学院棉花研究所、河北澳金种业有限公司选育，2019 年通过河北省农作物品种审定委员会审定，审定编号为冀审棉 20190021 号。

2. 主要特征特性 转基因抗虫常规棉品种。生育期 122 天左右。株型为塔形，松紧适中，叶片中等大小，叶色深绿。铃卵圆形。株高 106 厘米左右，第一果枝节位 7.3 节左右，单株果枝数 13.2 个左右，单株结铃数 16.8 个左右。铃重 6.5 克，子指 12.1 克，衣分 38.5%，霜前花率 87.1%，霜前花僵瓣率 4.0%。

纤维品质：农业部棉花品质监督检验测试中心检测平均结果，上半部平均长度 30.1 毫米，断裂比强度 31.8 厘牛/特克斯，马克

隆值 5.2，整齐度指数 84.5%，纺纱均匀指数 144。

抗病性：河北省农林科学院植物保护研究所鉴定，2017 年高抗枯萎病（病指 0.0），耐黄萎病（相对病指 28.2）；2018 年抗枯萎病（病指 5.23），耐黄萎病（相对病指 22.63）。

3. 产量表现 2017 年河北省春播常规棉组区域试验，平均亩产皮棉 113.9 千克，亩产霜前皮棉 100.4 千克；2018 年同组区域试验，平均亩产皮棉 95.7 千克，亩产霜前皮棉 82.4 千克。2018 年生产试验，平均亩产皮棉 103.9 千克，亩产霜前皮棉 92.8 千克。

4. 栽培技术要点 适宜播期为地膜棉田 4 月中旬，直播棉田 4 月下旬。适宜密度为中等水肥地块 3 200～3 700 株/亩。施足底肥，以有机肥为主，播种前亩施磷酸二铵 20～30 千克、钾肥 15 千克、尿素 15 千克。花铃期根据棉花长势长相浇水一次，同时亩追施尿素 7.5 千克左右，盛花期喷施叶面肥 1～2 次，防止早衰。合理化控，掌握少量多次原则，亩施缩节胺蕾期 1～1.5 克，初花期 2 克，花铃期 2.5～3 克。及时防治棉蓟马、蚜虫、红蜘蛛和盲蝽等害虫。

5. 审定意见 适宜在河北省唐山、廊坊市及其以南棉区春播种植。

二十一、邯 6382

1. 品种特性 该品种由邯郸市农业科学院选育，2019 年通过河北省农作物品种审定委员会审定，审定编号为冀审棉 20190022 号。

2. 主要特征特性 转基因抗虫常规棉品种。生育期 123 天左右。株型为塔形，较松散，叶片较大，叶色绿色。铃卵圆形。株高 111 厘米左右，第一果枝节位 7.4 节左右，单株果枝数 13.3 个左右，单株结铃数 22.2 个左右。铃重 6.1 克，子指 11.5 克，衣分 39.3%，霜前花率 89.2%，霜前花僵瓣率 3.0%。

纤维品质：农业部棉花品质监督检验测试中心检测平均结果，上半部平均长度 30.1 毫米，断裂比强度 30.4 厘牛/特克斯，马克

隆值 5.2，整齐度指数 84.3%，纺纱均匀指数 138。

抗病性：河北省农林科学院植物保护研究所鉴定，2017 年抗枯萎病（病指 9.6），耐黄萎病（相对病指 26.2）；2018 年耐枯萎病（病指 12.98），耐黄萎病（相对病指 23.78）。

3. 产量表现 2017 年河北省春播常规棉组区域试验，平均亩产皮棉 110.7 千克，亩产霜前皮棉 99.1 千克；2018 年同组区域试验，平均亩产皮棉 99.9 千克，亩产霜前皮棉 88.2 千克。2018 年生产试验，平均亩产皮棉 110.6 千克，亩产霜前皮棉 99.7 千克。

4. 栽培技术要点 适宜播期为 4 月 20～30 日。适宜密度为高水肥地块 2 500～3 000 株/亩，中等水肥地块 3 300～4 200 株/亩。施足底肥，亩施有机肥 4 000 千克、磷酸二铵 25 千克、钾肥 15 千克。初花期亩追施尿素 10～20 千克。8 月 10 日后酌情补追盖顶肥，亩追施尿素 5～8 千克或叶面喷肥 2～3 次。合理化控，掌握少量多次原则，分别在蕾期、初花期、花铃期和打顶后进行多次叶面喷施。及时防治盲蝽、棉铃虫、地老虎、蚜虫、红蜘蛛、叶蝉等害虫。

5. 审定意见 适宜在河北省唐山、廊坊市及其以南棉区春播种植。

二十二、国欣棉 27

1. 品种特性 该品种由河间市国欣农村技术服务总会、新疆国欣种业有限公司选育，2019 年通过河北省农作物品种审定委员会审定，审定编号为冀审棉 20190023 号。

2. 主要特征特性 转基因抗虫常规棉品种。生育期 124 天左右。株型为塔形，叶片中等，叶色绿色。铃卵圆形。株高 98 厘米左右，第一果枝节位 7.2 节左右，单株果枝数 12.9 个左右，单株结铃数 16.9 个左右。铃重 7.0 克，子指 11.7 克，衣分 40.4%，霜前花率 91.1%，霜前花僵瓣率 3.4%。

纤维品质：农业部棉花品质监督检验测试中心检测平均结果，上半部平均长度 29.8 毫米，断裂比强度 31.6 厘牛/特克斯，马克

隆值 5.5，整齐度指数 83.6%，纺纱均匀指数 135。

抗病性：河北省农林科学院植物保护研究所鉴定，2016 年高抗枯萎病（病指 0.3），高抗黄萎病（相对病指 9.2）；2017 年高抗枯萎病（病指 1.2），耐黄萎病（相对病指 27.9）。

3. 产量表现 2016 年河北省中南部春播常规棉组区域试验，平均亩产皮棉 111.7 千克，亩产霜前皮棉 101.9 千克；2017 年河北省春播常规棉组区域试验，平均亩产皮棉 117.0 千克，亩产霜前皮棉 106.5 千克。2018 年生产试验，平均亩产皮棉 107.1 千克，亩产霜前皮棉 97.6 千克。

4. 栽培技术要点 适宜播期为地膜棉田 4 月中下旬，露地直播棉田 4 月下旬至 5 月上旬。适宜密度为中等水肥地块 3 000 株/亩左右，瘠薄地块 3 500 株/亩以上。施足底肥，重施花铃期，补施盖顶肥，后期注意叶面喷肥。根据棉花长势长相和天气，适当进行化学调控，掌握少量多次原则。及时防治盲蝽、蚜虫等害虫，一般年份二代棉铃虫不需防治，大发生年份应及时防治。

5. 审定意见 适宜在河北省唐山、廊坊市及其以南棉区春播种植。

二十三、冀丰 4 号

1. 品种特性 该品种由河北省农林科学院粮油作物研究所、河北冀丰棉花科技有限公司选育，2019 年通过河北省农作物品种审定委员会审定，审定编号为冀审棉 20190024 号。

2. 主要特征特性 转基因抗虫常规棉品种。生育期 125 天左右。株型为塔形，较松散，叶片中等大小，叶色浓绿。铃卵圆形。株高 102 厘米左右，第一果枝节位 7.3 节左右，单株果枝数 13.2 个左右，单株结铃数 15.4 个左右。铃重 7.2 克，子指 11.8 克，衣分 41.2%，霜前花率 89.5%，霜前花僵瓣率 3.0%。

纤维品质：农业部棉花品质监督检验测试中心检测平均结果，上半部平均长度 31.5 毫米，断裂比强度 31.1 厘牛/特克斯，马克隆值 5.3，整齐度指数 84.6%，纺纱均匀指数 143。

抗病性：河北省农林科学院植物保护研究所鉴定，2016 年高抗枯萎病（病指 1.1），抗黄萎病（相对病指 11.5）；2017 年高抗枯萎病（病指 1.8），耐黄萎病（相对病指 27.2）。

3. 产量表现 2016 年冀中南春播常规棉组区域试验，平均亩产皮棉 107.8 千克，亩产霜前皮棉 96.1 千克；2017 年河北省春播常规棉组区域试验，平均亩产皮棉 113.6 千克，亩产霜前皮棉 101.7 千克。2018 年生产试验，平均亩产皮棉 106.0 千克，亩产霜前皮棉 96.4 千克。

4. 栽培技术要点 适宜播期为地膜棉田 4 月 15～25 日，露地直播棉田 4 月 25 日至 5 月 1 日。适宜密度为高水肥地块 2 500～2 800株/亩，中等水肥地块 3 000～3 500 株/亩，瘠薄地块 4 000 株/亩左右。施足底肥，重施初花肥，现蕾后注意喷施硼肥，适当补施盖顶肥。根据棉花长势长相和天气，合理化控，掌握少量多次原则，亩施缩节胺蕾期 1.5～2.0 克，花铃期 2.5～3.0 克。及时防治盲蝽、蚜虫、红蜘蛛、灰飞虱等害虫，一般年份二代棉铃虫不需防治，三、四代棉铃虫当百株二龄以上幼虫超过 5 头时应及时防治。

5. 审定意见 适宜在河北省唐山、廊坊市及其以南棉区春播种植。

二十四、国欣棉 31

1. 品种特性 该品种由河间市国欣农村技术服务总会、新疆国欣种业有限公司选育，2019 年通过河北省农作物品种审定委员会审定，审定编号为冀审棉 20190025 号。

2. 主要特征特性 转基因抗虫常规棉品种。生育期 122 天左右。株型为塔形，较紧凑，叶片中等大小，叶色绿色。铃卵圆形。株高 108 厘米左右，第一果枝节位 7.5 节左右，单株果枝数 12.8 个左右，单株结铃数 17.3 个左右。铃重 6.5 克，子指 11.5 克，衣分 40.7%，霜前花率 90.8%，霜前花僵瓣率 3.1%。

纤维品质：农业部棉花品质监督检验测试中心检测平均结果，

上半部平均长度 29.9 毫米，断裂比强度 31.5 厘牛/特克斯，马克隆值 5.3，整齐度指数 83.5%，纺纱均匀指数 135。

抗病性：河北省农林科学院植物保护研究所鉴定，2017 年高抗枯萎病（病指 0.6），耐黄萎病（相对病指 33.3）；2018 年抗枯萎病（病指 6.27），耐黄萎病（相对病指 23.06）。

3. 产量表现　2017 年河北省春播常规棉组区域试验，平均亩产皮棉 117.5 千克，亩产霜前皮棉 106.8 千克；2018 年同组区域试验，平均亩产皮棉 106.0 千克，亩产霜前皮棉 95.8 千克。2018 年生产试验，平均亩产皮棉 109.5 千克，亩产霜前皮棉 99.7 千克。

4. 栽培技术要点　适宜播期为地膜棉田 4 月中下旬。适宜密度为中等水肥地块 3 000 株/亩左右，瘠薄地块 3 500 株/亩以上。施足底肥，亩施磷酸二铵 25 千克、钾肥 15 千克、初花期亩追施尿素 10 千克。根据棉花长势长相和天气，合理化控，掌握少量多次原则，首次化控在盛蕾期，亩施缩节胺 0.5～0.8 克。及时防治盲蝽、蚜虫等害虫，一般年份二代棉铃虫不需防治，大发生年份应及时防治。

5. 审定意见　适宜在河北省唐山、廊坊市及其以南棉区春播种植。

二十五、国欣棉 30

1. 品种特性　该品种由河间市国欣农村技术服务总会、新疆国欣种业有限公司选育，2019 年通过河北省农作物品种审定委员会审定，审定编号为冀审棉 20190027 号。

2. 主要特征特性　转基因抗虫杂交棉品种。生育期 121 天左右。株型为塔形，松散，叶片中等大小，叶色深绿。铃卵圆形。株高 105 厘米左右，第一果枝节位 7.0 节左右，单株果枝数 13.0 个左右，单株结铃数 17.5 个左右。铃重 7.1 克，子指 12.3 克，衣分 39.6%，霜前花率 89.9%，霜前花僵瓣率 3.1%。

纤维品质：农业部棉花品质监督检验测试中心检测平均结果，上半部平均长度 30.0 毫米，断裂比强度 32.0 厘牛/特克斯，马克

隆值 5.4，整齐度指数 84.1%，纺纱均匀指数 139。

抗病性：河北省农林科学院植物保护研究所鉴定，2017 年高抗枯萎病（病指 0.0），耐黄萎病（相对病指 29.3）；2018 年抗枯萎病（病指 7.06），耐黄萎病（相对病指 25.68）。

3. 产量表现 2017 年河北省春播杂交棉组区域试验，平均亩产皮棉 118.5 千克，亩产霜前皮棉 107.0 千克；2018 年同组区域试验，平均亩产皮棉 103.3 千克，亩产霜前皮棉 91.9 千克。2018 年生产试验，平均亩产皮棉 113.7 千克，亩产霜前皮棉 104.8 千克。

4. 栽培技术要点 适宜播期为 4 月中下旬。适宜密度为中等水肥地块 2 500 株/亩左右，瘠薄地块 3 000 株/亩。施足底肥，亩施磷酸二铵 25 千克、钾肥 15 千克，花铃期亩追施尿素 10 千克。根据棉花长势长相，掌握少量多次的原则，合理化控，首次化控时间应掌握在盛蕾期。及时防治盲蝽、蚜虫等害虫，一般年份二代棉铃虫不需防治，大发生年份应及时防治。

5. 审定意见 适宜在河北省唐山、廊坊市及其以南棉区春播种植。

二十六、冀棉 2016

1. 品种特性 该品种由河北省农林科学院棉花研究所选育，2019 年通过河北省农作物品种审定委员会审定，审定编号为冀审棉 20199002 号。

2. 主要特征特性 转基因抗虫常规棉品种。生育期 122 天左右，茎秆坚硬，茎叶茸毛较多，叶片较大，叶色较深。单株结铃性较强，铃卵圆形。衣分较高。株高 92 厘米左右，第一果枝节位 6.6 节左右，高度 23.7 厘米左右，单株果枝数 12.2 个左右，果枝夹角 63.4°，单株结铃数 11.9 个左右，吐絮率 72.2%。铃重 5.9 克，子指 10.5 克，衣分 40.22%。

纤维品质：农业部棉花品质监督检验测试中心检测平均结果，上半部平均长度 31.2 毫米，断裂比强度 30.9 厘牛/特克斯，马克

隆值 5.0，伸长率 5.6%，整齐度指数 85.3%，反射率 74.9%，黄度 7.2，纺纱均匀指数 147。

抗病性：河北省农林科学院植物保护研究所鉴定，2016 年抗枯萎病（病指 9.69），抗黄萎病（相对病指 17.88）；2017 年耐枯萎病（病指 11.27），耐黄萎病（相对病指 26.10）。

3. 产量表现　2016 年自行开展冀中南春播机采棉组区域试验，平均亩产皮棉 98.0 千克；2017 年同组区域试验，平均亩产皮棉 109.1 千克。2018 年生产试验，平均亩产皮棉 107.3 千克。

4. 栽培技术要点　适宜播期为裸地 4 月下旬，覆膜地 4 月中旬，光子点播每穴 3～4 粒，亩播种量 1～1.5 千克。机采条件下，肥力中等地块密度 4 000～5 000 株/亩。播种前亩施基肥 2 000 千克、磷酸二铵 20～30 千克、尿素 15 千克、钾肥 10 千克，花铃期根据棉花长势长相浇水一次，同时亩追施尿素 5 千克左右。在蕾期、花铃期用缩节安进行化控，掌握“少量多次”原则，蕾期用量 1～1.5 克，初花期用量 2 克，花铃期用量 2.5～3 克。应及时防治蚜虫、棉蓟马、红蜘蛛、盲蝽等非靶标害虫。棉铃虫应视三、四代发生情况酌情防治。

5. 审定意见　适宜在河北省中南部棉区春播机收种植。

二十七、衡棉 HD008

1. 品种特性　该品种由河北省农林科学院旱作农业研究所选育，2019 年通过河北省农作物品种审定委员会审定，审定编号为冀审棉 20199003 号。

2. 主要特征特性　转基因抗虫常规棉品种。生育期 119 天左右，茎叶茸毛中等，叶片较小，叶色中绿，单株结铃性较好，铃中等，卵圆形。株高 92 厘米左右，第一果枝节位 6.9 节左右，高度 24.0 厘米左右，单株果枝数 11.6 个左右，果枝夹角 66.4°，单株结铃数 11.3 个左右，吐絮率 80.7%。铃重 5.8 克，子指 12.7 克，衣分 39.2%。

纤维品质：农业部棉花品质监督检验测试中心检测平均结果，

上半部平均长度 29.5 毫米，断裂比强度 31.3 厘牛/特克斯，马克隆值 5.2，伸长率 5.5%，整齐度指数 85.2%，反射率 75.1%，黄度 6.8，纺纱均匀性指性数 142。

抗病性：河北省农林科学院植物保护研究所鉴定，2016 年高抗枯萎病（病指 0.38），抗黄萎病（相对病指 14.86）；2017 年高抗枯萎病（病指 0.37），耐黄萎病（相对病指 33.70）。

3. 产量表现 2016 年自行开展冀中南春播机采棉组区域试验，平均亩产皮棉 98.9 千克；2017 年同组区域试验，平均亩产皮棉 96.9 千克。2018 年生产试验，平均亩产皮棉 99.1 千克。

4. 栽培技术要点 适宜机采栽培，也可常规栽培。适宜播期为 4 月中下旬至 5 月初（可无膜栽培）。适宜密度为机采栽培 6 000 株/亩左右，行距 76～80 厘米；常规栽培高水肥地块 3 000 株/亩，中水肥地块 3 500 株/亩，旱薄地 4 000 株/亩以上。施足基肥，重施花铃肥，视长势补施盖顶肥，后期不要脱肥。机采栽培，结合化控，可减免整枝工序。常规栽培，整枝 1～2 次即可，冀中南棉区 7 月 15 日打完顶，8 月 20 日去无效花蕾，9 月底打脱叶剂。中耕除草，播种前每亩以 48%氟乐灵乳油 125～150 毫升兑水 30 千克均匀喷施地表，后期以拿扑净 100 毫升兑水 30 千克在禾本科杂草 2～3 叶期补喷，7 月中旬封垄前中耕培土。应及时防治蓟马、蚜虫、盲蝽等非靶标害虫，棉铃虫应视三、四代发生情况酌情防治。

5. 审定意见 适宜在河北省中南部棉区春播机收种植。

二十八、邯 853

1. 品种特性 该品种由邯郸市农业科学院、河北蓝鹰种业有限公司、国家半干旱农业工程技术研究中心选育，2019 年通过河北省农作物品种审定委员会审定，审定编号为冀审棉 20199007 号。

2. 主要特征特性 转基因抗虫常规棉品种。生育期 103 天左右。株型紧凑，叶片较小，叶色浅绿。铃卵圆形，较小。株高 87.9 厘米左右，第一果枝节位 5.9 节左右，单株果枝数 12.4 个左右，单株结铃数 10.6 个左右，铃重 4.9 克，子指 10.9 克，衣分

39.1%，霜前花率 88.3%。

纤维品质：农业部棉花品质监督检验测试中心检测平均结果，上半部平均长度 29.1 毫米，断裂比强度 31.6 厘牛/特克斯，马克隆值 5.0，整齐度指数 85.5%，纺纱均匀指数 144.5。

抗病性：河北省农林科学院植物保护研究所鉴定，2017 年耐黄萎病（相对病指 32.83）；2018 年耐黄萎病（相对病指 32.55）。

3. 产量表现　2017 年自行开展河北省晚春播组区域试验，平均亩产皮棉 101.6 千克，亩产霜前皮棉 89.7 千克；2018 年同组区域试验，平均亩产皮棉 93.5 千克，亩产霜前皮棉 82.9 千克。2018 年生产试验，平均亩产皮棉 93.8 千克，亩产霜前皮棉 84.9 千克。

4. 栽培技术要点　适宜播期为露地 5 月 20～25 日，适宜密度为高水肥地块 4 500 株/亩，中等水肥地块 5 000～5 500 株/亩，低水肥地块 5 500～6 500 株/亩。施足底肥，增施钾肥。花铃期亩追施尿素 10～20 千克，缩节胺亩用量为现蕾期 0.5 克，初花期1.5～2 克，花铃期 2.5～3 克。及时防治蓟马、蚜虫、盲蝽等非靶标害虫。棉铃虫应视三、四代发生情况酌情防治。

5. 审定意见　适宜在河北省中南部棉区晚春播种植。

二十九、邯 M263

1. 品种特性　该品种由邯郸市农业科学院、河北蓝鹰种业有限公司选育，2019 年通过河北省农作物品种审定委员会审定，审定编号为冀审棉 20199008 号。

2. 主要特征特性　转基因抗虫常规低酚棉品种。生育期 120 天左右。株型为塔形，叶片中等偏小，叶色中绿。铃较大，卵圆形。株高 106.9 厘米左右，第一果枝节位 6.1 节左右，单株果枝数 13.1 个左右，单株结铃数 15.8 个左右。铃重 5.9 克，子指 11.5 克，衣分 39.9%，霜前花率 86.6%，霜前花僵瓣率 4.3%，田间无色素腺体株率 99.9%。游离棉酚：2018 年河北农业大学农学院测定，棉花种子游离棉酚含量 0.0092%。

纤维品质：农业部棉花品质监督检验测试中心检测平均结果，

上半部平均长度30.5毫米，断裂比强度31.9厘牛/特克斯，马克隆值5.1，整齐度指数84.6%，纺纱均匀指数146。

抗病性：河北省农林科学院植物保护研究所鉴定，2017年高抗枯萎病（病指0.94），耐黄萎病（相对病指32.46）；2018年抗枯萎病（病指7.19），耐黄萎病（相对病指33.87）。

3. 产量表现 2017年自行开展冀中南春播常规低酚棉组区域试验，平均亩产皮棉99.8千克，亩产霜前皮棉86.8千克；2018年同组区域试验，平均亩产皮棉93.5千克，亩产霜前皮棉81.4千克。2018年生产试验，平均亩产皮棉95.1千克，亩产霜前皮棉86.0千克。

4. 栽培技术要点 适宜播期为露地4月25～30日，地膜4月15～25日。适宜密度为高水肥地块2 500株/亩左右，中等水肥地块3 000株/亩左右，低水肥地块3 500～4 000株/亩。施足底肥，增施钾肥，花铃期亩追施氮肥10～20千克或喷施叶面肥。科学化控，初花期采用少量多次的方法，花铃期适当增加用量。及时防治蓟马、蚜虫、盲蝽等非靶标害虫。种植期间应与普通棉花间隔500米以上，棉花收获及加工应单独进行，防止混杂。

5. 审定意见 适宜在河北省中南部棉区春播种植。

三十、银兴棉28

1. 品种来源 该品种由山东银兴种业股份有限公司选育，2016年通过国家农作物品种审定委员会审定，审定编号为国审棉2016001号。

2. 主要特征特性 转抗虫基因中熟常规品种。抗棉铃虫。黄河流域棉区春播生育期120天。出苗好，苗势旺，整个生育期长势好，整齐度较好。植株较高，株型较松散，茎秆较粗壮，茸毛较多，叶片中等偏大，叶色较深，铃卵圆形，中等大小，结铃性强，后期叶功能好，不早衰，吐絮畅。株高102.4厘米，第一果枝节位7.3节；单株结铃19.7个，单铃重6.1克，子指12.3克，衣分40.7%，霜前花率92.6%。

纤维品质：HVICC 纤维上半部平均长度 29.8 毫米，断裂比强度 31.6 厘牛/特克斯，马克隆值 5.1，断裂伸长率 5.7%，反射率 78.6%，黄色深度 7.5，整齐度指数 84.2%，纺纱均匀性指数 142。

抗病性：耐枯萎病（病指 14.5），耐黄萎病（病指 20.4）。

3. 产量表现　2013—2014 年参加黄河流域棉区中熟常规品种区域试验，两年平均亩产子棉、皮棉及霜前皮棉分别为 276.5 千克、112.6 千克和 104.3 千克，分别比对照中植棉 2 号增产 11.5%、13.6%和 12.5%。2015 年生产试验，平均亩产子棉、皮棉及霜前皮棉分别为 274.1 千克、112.9 千克和 105.8 千克，分别比对照增产 8.3%、14.4%和 12.8%。

4. 栽培技术要点　一般 4 月中下旬播种。高水肥地块 3 000 株/亩左右，中等水肥地块 3 300～3 500 株/亩，旱薄地 3 800～4 000 株/亩。重施有机肥作基肥，浇足底墒水，增施磷钾肥，见花后追施花铃肥，适当追施盖顶肥。重点做好盛蕾期、施花铃肥后、打顶后 3 个时期的化控，掌握少量多次、前轻后重的原则。二代棉铃虫一般年份不需防治，三、四代棉铃虫当百株二龄以上幼虫超过 5 头时应及时防治，全生育期注意及时防治棉蚜、红蜘蛛、盲蝽、灰飞虱等虫害。枯萎病重病地不宜种植。

5. 审定意见　适宜在天津、河北中南部、山东、河南、安徽淮河以北棉区种植。

三十一、中棉所 100

1. 品种来源　该品种由中国农业科学院棉花研究所选育，2016 年通过国家农作物品种审定委员会审定，审定编号为国审棉 2016003 号。

2. 主要特征特性　转抗虫基因中熟常规品种。抗棉铃虫。黄河流域棉区春播生育期 118 天。出苗好，苗势较好，中期长势好，前、后期长势较好，整齐度好。植株中等高，株型较松散，叶片中等大小，叶色较深，铃卵圆形，较大，结铃性好，早熟性好，吐絮畅。株高100.2厘米，第一果枝节位7.2节；单株结铃18.5个，单铃重6.3克，子指11.8克，衣分40.6%，霜前花率94.0%。

纤维品质：HVICC纤维上半部平均长度28.3毫米，断裂比强度30.9厘牛/特克斯，马克隆值5.3，断裂伸长率5.6%，反射率76.9%，黄色深度8.1，整齐度指数85.0%，纺纱均匀性指数138。

抗病性：耐枯萎病（病指10.7），抗黄萎病（病指19.6）。

3. 产量表现 2013—2014年参加黄河流域棉区中熟常规品种区域试验，两年平均亩产子棉、皮棉及霜前皮棉分别为268.7千克、109.2千克和102.7千克，分别比对照中植棉2号增产7.6%、9.1%和10.4%。2015年生产试验，平均亩产子棉、皮棉及霜前皮棉分别为265.5千克、110.3千克和104.6千克，分别比对照增产4.9%、11.8%和11.5%。

4. 栽培技术要点 营养钵育苗以4月15日前后播种为宜；露地直播以4月20日左右播种为宜。一般肥力棉田密度3 000～3 500株/亩为宜，肥力高的棉田2 500～3 000株/亩。适当增施有机肥和磷钾肥，重施底肥和花铃肥，早施蕾肥，早喷叶面肥，适当补施微量元素，后期视长势情况追施叶面肥以防早衰。及时中耕与整枝打顶。6月中下旬结合中耕进行培土。及时去掉部分叶枝；7月25日左右，根据长势即可打顶。化学调控遵循“少量多次、一次用量不宜过大”的原则。二代棉铃虫一般发生年份可不防治，当中度和大发生年份，达到防治指标时进行化学防治。及时防治蚜虫、盲蝽、红蜘蛛等害虫。

5. 审定意见 适宜在天津、山西南部、河北中南部、河南、山东、安徽淮河以北棉区种植。

三十二、瑞棉1号

1. 品种来源 该品种由济南鑫瑞种业科技有限公司、中国农业科学院生物技术研究所选育，2016年通过国家农作物品种审定委员会审定，审定编号为国审棉2016004号。

2. 主要特征特性　转抗虫基因中熟常规品种。抗棉铃虫。黄河流域棉区春播生育期 118 天。出苗好，苗势旺，前、中期长势好，后期长势较好，整齐度较好。株高中等，株型松散，茎秆较粗壮，叶片中等大小，叶色较深，铃卵圆形，较大，铃尖明显，结铃性好，叶功能较好，第一果枝节位较低，吐絮畅。株高 98.7 厘米，第一果枝节位 6.3 节；单株结铃 19.2 个，单铃重 6.4 克，子指 12.0 克，衣分 41.1%，霜前花率 92.8%。

纤维品质：HVICC 纤维上半部平均长度 28.7 毫米，断裂比强度32.1 厘牛/特克斯，马克隆值 5.4，断裂伸长率 5.3%，反射率 77.2%,黄色深度 7.9，整齐度指数 85.1%，纺纱均匀性指数 143。

抗病性：抗枯萎病（病指 7.6），耐黄萎病（病指 34.8）。

3. 产量表现　2013—2014 年参加黄河流域棉区中熟常规品种区域试验，两年平均亩产子棉、皮棉及霜前皮棉分别为 274.1 千克、112.8 千克和 104.6 千克，分别比对照中植棉 2 号增产 9.8%、12.7%和 12.4%。2015 年生产试验，平均亩产子棉、皮棉及霜前皮棉分别为 270.4 千克、111.7 千克和 106.0 千克，分别比对照增产 6.8%、13.2%和 13.0%。

4. 栽培技术要点　一般 4 月中下旬播种，宜地膜覆盖栽培。高水肥地块 2 500～3 000 株/亩，中等水肥地块 3 000～3 500 株/亩。增施有机肥，配方施肥，花铃期遇旱及时浇水，适当补施盖顶肥。根据棉花长势及天气情况，酌情使用生长调节剂。二代棉铃虫一般年份不需防治，三、四代棉铃虫当百株二龄以上幼虫超过 5 头时应及时防治，全生育期注意及时防治棉蚜、红蜘蛛、盲蝽、灰飞虱等虫害。黄萎病重病地不宜种植。

5. 审定意见　适宜在天津、山西南部、河北中南部、山东、河南、陕西关中地区、安徽淮河以北、江苏淮河以北棉区种植。

三十三、瑞杂 818

1. 品种来源　该品种由济南鑫瑞种业科技有限公司、中国农业科学院生物技术研究所选育，2016年通过国家农作物品种审定委员会审定，审定编号为国审棉2016005号。

2. 主要特征特性 转抗虫基因中熟杂交品种。抗棉铃虫。黄河流域棉区春播生育期118天。出苗好，苗势旺，前中期长势强，后期长势转弱，整齐度较好。植株较高，株型松散，茎秆茸毛较少，叶片中等大小，叶色较深，铃长卵圆形，中等大小，早熟性较好，结铃性强，吐絮畅。株高103.2厘米，第一果枝节位6.9节；单株结铃21.2个，单铃重6.3克，子指11.7克，衣分40.7%，霜前花率94.8%。

纤维品质：HVICC纤维上半部平均长度31.0毫米，断裂比强度33.0厘牛/特克斯，马克隆值5.1，断裂伸长率4.8%，反射率76.8%，黄色深度7.7，整齐度指数85.6%，纺纱均匀性指数154。

抗病性：抗枯萎病（病指7.0），耐黄萎病（病指34.3）。

3. 产量表现 2013—2014年参加黄河流域棉区中熟杂交品种区域试验，两年平均亩产子棉、皮棉及霜前皮棉分别为285.1千克、116.0千克和110.0千克，分别比对照瑞杂816增产5.4%、6.5%和7.3%。2015年生产试验，平均亩产子棉、皮棉及霜前皮棉分别为271.7千克、115.2千克和110.5千克，分别比对照增产6.4%、8.7%和8.1%。

4. 栽培技术要点 适宜春播，地膜覆盖栽培，播种期为4月15～25日，营养钵育苗播期为4月5～10日。一般肥力地块，适宜种植密度每亩3 000株左右。施足底肥，增施有机肥和磷钾肥。适时打顶，促早熟，一般在7月下旬打顶。一般情况下，二代棉铃虫不需要防治，注意三、四代的发生和防治。及时防治非鳞翅目害虫。黄萎病重发地不宜种植。

5. 审定意见 适宜在天津、河北中南部、山西南部、河南、山东、陕西关中地区、江苏淮河以北、安徽淮河以北棉区种植。

三十四、锦科707

1. 品种来源 该品种由新乡市锦科棉花研究所、中国农业科学院生物技术研究所选育，2016 年通过国家农作物品种审定委员会审定，审定编号为国审棉 2016006 号。

2. 主要特征特性　转抗虫基因早熟常规品种。抗棉铃虫。黄河流域棉区晚春播生育期 98 天。出苗好，苗势旺，前期长势好，中后期长势较好，整齐度较好。植株较矮，株型紧凑，通透性好，茎秆茸毛多，叶片较小，叶色较浅，铃卵圆形，中等大小，结铃性较好，早熟性好，吐絮畅。株高 73.6 厘米，第一果枝节位 6.0 节；单株结铃 9.3 个，单铃重 5.2 克，子指 9.9 克，衣分 40.0%，霜前花率 92.6%。

纤维品质：HVICC 纤维上半部平均长度 30.4 毫米，断裂比强度 30.8 厘牛/特克斯，马克隆值 4.8，断裂伸长率 5.8%，反射率 77.5%，黄色深度 7.9，整齐度指数 84.8%，纺纱均匀性指数 146。

抗病性：抗枯萎病（病指 9.9），耐黄萎病（病指 27.7）。

3. 产量表现　2013—2014 年参加黄河流域棉区早熟常规品种区域试验，两年平均亩产子棉、皮棉及霜前皮棉分别为 215.7 千克、86.3 千克和 79.9 千克，分别比对照中棉所 50 增产 7.4%、10.4%和 12.9%。2015 年生产试验，平均亩产子棉、皮棉及霜前皮棉分别为 235.1 千克、95.8 千克和 89.1 千克，分别比对照中棉所 50 增产 6.3%、8.1%和 10.0%。

4. 栽培技术要点　露地直播 5 月 25 日至 6 月 10 日播种，育苗移栽 5 月上旬播种，5 月下旬至 6 月初移栽。一般棉田密度 5 000～6 000 株/亩，高水肥棉田 4 000～5 000 株/亩。在施足有机肥的基础上，合理使用氮、磷、钾肥，配施微肥；麦收后应及时浇水、灭茬、追肥、治虫，促苗早发，盛蕾至见花期间重施花铃肥，遇旱及时浇水。7 月下旬打顶。盛蕾至花铃期酌情化控，后期用 0.2%硼砂和 0.5%～1.0%尿素混合进行叶面喷肥，及时去除叶枝、赘芽和腋芽。二代棉铃虫一般不用化学防治，大发生年份，可在产卵高峰期化防杀卵，以防残虫危害顶心；三、四代棉铃虫视发生轻重，一般防治 1～2 次即可。及时防治棉蚜、红蜘蛛、盲蝽、棉粉虱等非鳞翅目害虫。适宜黄萎病无病或轻病区种植。

5. 审定意见 适宜在河北中南部、河南、山东（山东西南除外）、安徽淮河以北棉区种植。

三十五、宁棉2号

1. 品种来源 该品种由江苏神农大丰种业科技有限公司选育，2016年通过国家农作物品种审定委员会审定，审定编号为国审棉2016007号。

2. 主要特征特性 转抗虫基因中早熟常规品种。抗棉铃虫。长江流域棉区春播生育期126天。出苗较好，长势强，整齐度较好，不早衰，结铃性强，吐絮较畅。株型较松散，株高113.5厘米，果枝较长，平展，茎秆粗壮，茸毛较多，叶片中等大小、叶色较深，铃卵圆形，第一果枝节位6.8节，单株结铃30.2个，单铃重5.6克，衣分39.7%，子指11.6克，霜前花率92%。

纤维品质：HVICC纤维上半部平均长度29.5毫米，断裂比强度31.2厘牛/特克斯，马克隆值5.3，断裂伸长率5.6%，反射率78.3%，黄色深度7.7，整齐度指数85.2%，纺纱均匀性指数143。

抗病性：抗枯萎病（病指8.9），抗黄萎病（病指19.1）。

3. 产量表现 2013—2014年参加长江流域棉区春播组品种区域试验，两年平均亩产子棉、皮棉及霜前皮棉分别为248.3千克、98.5千克和90.8千克，分别比鄂杂棉10号增产0.7%、减产2.8%和5.6%。2015年生产试验，平均亩产子棉、皮棉及霜前皮棉分别为258.8千克、109.3千克和102.1千克，分别比对照鄂杂棉10号增产5.6%、5.0%和2.1%。

4. 栽培技术要点 育苗移栽一般4月上中旬播种，5月上中旬移栽；地膜覆盖直播4月下旬播种。密度不低于2 500株/亩。在增施有机肥的基础上，轻施安家肥，稳施蕾肥，巧喷硼肥，重施花铃肥，补施盖顶肥，后期注意喷施叶面肥。视棉花长势及天气情况，适量使用生长调节剂。二代棉铃虫大发生年份注意防治，三、四代棉铃虫当百株二龄以上幼虫超过5头时应及时防治，并注意及时防治盲蝽、蓟马、棉蚜、红蜘蛛、白粉虱等虫害。

5. 审定意见　适宜在江苏和安徽淮河以南、江西和湖南北部、湖北、河南南部、四川丘陵棉区春播种植。

三十六、国欣棉16

1. 品种来源　该品种由河间市国欣农村技术服务总会、中国农业科学院生物技术研究所选育，2016年通过国家农作物品种审定委员会审定，审定编号为国审棉2016008号。

2. 主要特征特性　转抗虫基因中早熟杂交品种。抗棉铃虫。长江流域棉区春播生育期126天。出苗好，长势强，整齐度好，不早衰，结铃性强，吐絮畅。株型较松散，株高116厘米，果枝较短，平展，茎秆较粗壮，茸毛多，叶片较大，叶色深，铃卵圆形，第一果枝节位6.9个，单株结铃29.6个，单铃重6.7克，衣分42.2%，子指12.2克，霜前花率94.3%，僵瓣率11.3%。

纤维品质：HVICC纤维上半部平均长度31.2毫米，断裂比强度31.5厘牛/特克斯，马克隆值5.2，断裂伸长率5.7%，反射率77.3%，黄色深度8.2，整齐度指数85.9%，纺纱均匀性指数151。

抗病性：经鉴定，抗枯萎病（病指9.8），耐黄萎病（病指28.3）。

3. 产量表现　2013—2014年参加长江流域棉区春播组杂交棉品种区域试验，两年平均亩产子棉、皮棉及霜前皮棉分别为263.2千克、111千克和104.9千克，分别比对照鄂杂棉10号增产3.4%、6.1%和6.1%。2015年生产试验，平均亩产子棉、皮棉及霜前皮棉分别为272.2千克、118.2千克和112.2千克，分别比对照鄂杂棉10号增产11.1%、13.5%和12.2%。

4. 栽培技术要点　长江流域棉区育苗移栽，4月上中旬播种，5月上中旬移栽，地膜覆盖直播4月下旬播种。密度为高水肥地块1 300株/亩，中等水肥地块1 500株/亩，地力较差地块1 800株/

亩左右。在增施有机肥的基础上，轻施安家肥，稳施蕾肥，巧喷硼肥，重施花铃肥，补施盖顶肥，后期注意喷施叶面肥。视棉花长势及天气情况，适量使用生长调节剂。二代棉铃虫大发生年份注意防治，三、四代棉铃虫当百株二龄以上幼虫超过5头时应及时防治，并注意及时防治盲蝽、蓟马、棉蚜、红蜘蛛、白粉虱等虫害。

5. 审定意见 适宜在江苏和安徽淮河以南、浙江沿海、江西和湖南北部、湖北、河南南部、四川丘陵棉区春播种植。

三十七、Z1112

1. 品种来源 该品种由新疆兵团第七师农业科学研究所、新疆锦棉种业科技股份有限公司选育，2016年通过国家农作物品种审定委员会审定，审定编号为国审棉2016009号。

2. 主要特征特性 非转基因早熟常规品种。不抗棉铃虫。西北内陆棉区春播生育期123天。出苗好，整个生育期长势较强，结铃性好，吐絮畅。株型较紧凑，茎秆坚韧，不易倒伏。株高75.7厘米，Ⅱ式果枝，茎秆茸毛较少，叶片中等大小、叶量少、叶色较浅，第一果枝节位6.1节，单株结铃6.5个，铃卵圆形，铃较大，铃嘴突出，铃面较光滑，单铃重5.6克，衣分41.4%，子指11.5克，霜前花率93.9%。

纤维品质：HVICC纤维上半部平均长度29.9毫米，断裂比强度31.6厘牛/特克斯，马克隆值3.9，断裂伸长率7.5%，反射率80.9%，黄色深度8.0，整齐度指数85.2%，纺纱均匀性指数159。

抗病性：抗枯萎病（病指5.0），感黄萎病（病指48.8）。

3. 产量表现 2013—2014年参加西北内陆棉区早熟组品种区域试验，两年平均亩产子棉、皮棉及霜前皮棉分别为352.2千克、146.2千克和136.9千克，分别比对照新陆早36号增产8.4%、9.6%、4.9%。2015年生产试验，平均亩产子棉、皮棉及霜前皮棉分别为368.4千克、159.7千克和153.7千克，分别比对照新陆早36号增产9.7%、13.3%和10.8%。

4. 栽培技术要点　适期早播，一般在4月上旬。密度为高水肥地块12 000～13 000株/亩，中等水肥地块14 000～15 000株/亩，旱薄地16 000株/亩。因该品种整个生育期长势较强，子叶期、2叶期及现蕾期应适当偏重化控，中后期根据长势化控，将棉花株高控制在80厘米左右，7月5日前完成打顶。合理水肥管理，要求全层施肥，重施花铃肥，滴灌田全生育期滴水10次左右，用水量300方左右，随水滴施适量棉花专用肥。当百株二龄以上棉铃虫幼虫超过5头时应及时防治；全生育期注意及时防治棉蓟马、棉蚜、红蜘蛛、盲蝽等虫害。

5. 审定意见　适宜在北疆早熟棉区黄萎病无病或轻病棉田种植。

三十八、新石K18

1. 品种来源　该品种由新疆石河子棉花研究所选育，2016年通过国家农作物品种审定委员会审定，审定编号为国审棉20160010号。

2. 主要特征特性　非转基因早熟常规棉品种。不抗棉铃虫。西北内陆棉区春播生育期121天。出苗好，前期长势较强，后期不早衰，结铃性好，吐絮畅。株型较紧凑，株高71.8厘米，Ⅱ式果枝，茎秆坚韧，不易倒伏，植株绒毛较多，叶片中等大小，叶片厚度中等，叶色中绿，叶裂较浅。第一果枝节位5.5节，单株结铃6.7个，铃短卵圆形，铃嘴微突，铃面略粗糙，单铃重5.2克，衣分42.2%，子指9.4克，霜前花率97.7%。

纤维品质：HVICC纤维上半部平均长度30.5毫米，断裂比强度29.9厘牛/特克斯，马克隆值4.0，断裂伸长率6.8%，反射率82.1%，黄色深度7.6，整齐度指数84.9%，纺纱均匀性指数153。

抗病性：抗枯萎病（病指4.2），感黄萎病（病指51.6）。

3. 产量表现　2013—2014年参加西北内陆棉区早熟组品种区域试验，两年平均亩产子棉、皮棉及霜前皮棉分别为338.4千克、

142.9 千克和 139.1 千克，分别比对照新陆早 36 号增产 4.2%、7.1%、6.7%。2015 年生产试验，平均亩产子棉、皮棉及霜前皮棉分别为 373.9 千克、163.5 千克和 159.4 千克，分别比对照新陆早 36 号增产 11.4%、16.0%、15.0%。

4. 栽培技术要点 一般 4 月上中旬地膜覆盖播种。密度为高水肥地块 12 000～13 000 株/亩，中等水肥地块 14 000～15 000 株/亩，旱薄地 16 000 株/亩。施足底肥，重施初花肥，现蕾后注意喷施硼肥，适当补施盖顶肥。根据棉花长势及天气情况，酌情使用生长调节剂。当百株二龄以上棉铃虫幼虫超过 5 头时应及时防治，全生育期注意及时防治棉蓟马、棉蚜、红蜘蛛、盲蝽等虫害。

5. 审定意见 适宜在北疆早熟棉区黄萎病无病或轻病棉田种植。

三十九、J206-5

1. 品种来源 该品种由新疆金丰源种业股份有限公司选育，2016 年通过国家农作物品种审定委员会审定，审定编号为国审棉 20160011 号。

2. 主要特征特性 非转抗虫基因早熟常规品种。西北内陆棉区春播生育期 137 天。幼苗生长健壮，出苗好，长势较强。株高 70.8 厘米，植株塔形，通透性好。Ⅱ式果枝，第一果枝节位 6.0 节左右，果枝数 8～11 台。子叶为肾形，真叶普通叶型，掌状五裂，叶片中等大小，深（灰）绿色，叶刻较深，叶片上举。铃多为 5 室，单铃重 5.4 克。茎秆较硬有弹性。铃壳薄，吐絮畅，不落絮，好拾花，衣分 44.7%。种子肾形，褐色，中等大，毛籽灰白色，短绒中量，子指 10.12 克。

纤维品质：HVICC 纤维上半部平均长度 30.50 毫米，断裂比强度 30.20 厘牛/特克斯，马克隆值 4.1，断裂伸长率 6.1%，反射率 77.8%，黄度 6.8，整齐度指数 86.1%，纺纱均匀性指数 151.2。

抗病性：抗枯萎病（病指 6.7），耐黄萎病（病指 48）。

3. 产量表现　2013—2014 年西北内陆早中熟组区域试验，平均亩产子棉、皮棉及霜前皮棉分别为 363.4 千克、162.8 千克和 154.6 千克，分别比对照中棉所 49 增产 7.6%、12.4%、14.1%。2015 年生产试验，平均亩产子棉、皮棉及霜前皮棉分别为 365.6 千克、162.4 千克和 155.8 千克，分别比对照中棉所 49 增产 3.6%、6.7%、5.0%。

4. 栽培技术要点　播期为 4 月中旬。一般每亩保苗株数 14 000～15 000 株，每亩收获株数 13 000～14 000 株。全生育期滴灌 8～10 次，根据苗情掌握好灌水时间和灌水量。采用全程化控，棉株高度控制在 75 厘米左右，7 月上旬打顶结束，留 8～12 台果枝。当百株二龄以上棉铃虫幼虫超过 5 头时应及时防治，全生育期注意及时防治棉蓟马、棉蚜、红蜘蛛、盲蝽等虫害。

5. 审定意见　适宜在西北内陆早中熟棉区黄萎病无病区或轻病区春播种植。

四十、创棉 501

1. 品种来源　该品种由创世纪种业有限公司选育，2016 年通过国家农作物品种审定委员会审定，审定编号为国审棉 20160012 号。

2. 主要特征特性　非转基因早中熟常规品种。不抗棉铃虫。西北内陆棉区春播生育期 138 天，出苗好，全生育期长势强，整齐度好。吐絮集中，絮色洁白，易采摘。株高 67.4 厘米，株形筒形，较紧凑，茎秆粗壮，Ⅱ式果枝，毛秆毛叶，叶片较大，叶色深。果枝始节位 6 节，单株结铃 6.6 个，棉铃为圆形，铃较大，单铃重 5.6 克，衣分 41.5%，子指 11.5 克，霜前花率 93.0%。

纤维品质：HVICC 纤维上半部平均长度 29.2 毫米，断裂比强度 29.5 厘牛/特克斯，马克隆值 4.7，断裂伸长率 6.9%，反射率 79.1%，黄色深度 7.8，整齐度指数 84.6%，纺纱均匀性指数 140。

抗病性：抗枯萎病（病指 5.9），耐黄萎病（病指 49）。

3. 产量表现 2013—2014 年参加西北内陆早中熟组品种区域试验，两年平均亩产子棉、皮棉及霜前皮棉分别为 371.4 千克、153.2 千克和 142.0 千克，分别比对照中棉所 49 增产 10.0%、5.8%、4.8%。2015 年生产试验，平均亩产子棉、皮棉及霜前皮棉分别为 374.1 千克、159.1 千克和 151.5 千克，分别比对照中棉所 49 增产 6.0%、4.5%、1.4%。

4. 栽培技术要点 4 月 10 日前后播种。中等肥力田块种植密度每亩 14 000 株左右，水肥条件好的适当稀一点。施足底肥，早施重施花铃肥，补施盖顶肥，增施有机肥、钾肥、硼肥和微肥。生育期间化控 3～4 次。全生育期做好病虫害的综合防治，重点抓好红蜘蛛、蚜虫、棉铃虫的防治。

5. 审定意见 适宜在新疆南疆早中熟棉区的黄萎病轻病地或无病地种植。

四十一、中棉所 99

1. 品种来源 该品种由中国农业科学院棉花研究所选育，2016 年通过国家农作物品种审定委员会审定，审定编号为国审棉 20160013 号。

2. 主要特征特性 转抗虫基因中熟三系杂交品种。抗棉铃虫。黄河流域棉区春播生育期 118 天。出苗好，苗势旺，前中期长势强，发育快，后期长势较好，整齐度较好。植株较高，株型较松散，茎秆茸毛多，叶片中等大小，叶色中绿，叶片皱折明显，铃卵圆形，较大，结铃性好，吐絮肥畅。株高 106.4 厘米，第一果枝节位 7.0 节；单株结铃 20.0 个，单铃重 6.5 克，子指 11.0 克，衣分 40.1%，霜前花率 94.2%。

纤维品质：HVICC 纤维上半部平均长度 30.4 毫米，断裂比强度 31.3 厘牛/特克斯，马克隆值 5.1，断裂伸长率 5.2%，反射率 76.8%，黄色深度 7.8，整齐度指数 84.6%，纺纱均匀性指数 143。

抗病性：抗枯萎病（病指 9.6），耐黄萎病（病指 34.4）。

3. 产量表现　2013—2014 年参加黄河流域棉区中熟杂交品种区域试验，两年平均亩产子棉、皮棉及霜前皮棉分别为 276.5 千克、111.0 千克和 104.6 千克，分别比对照瑞杂 816 增产 2.3%、1.9%和 2.0%。2015 年生产试验，平均亩产子棉、皮棉及霜前皮棉分别为 262.9 千克、109.3 千克和 103.3 千克，分别比对照增产 2.9%、3.1%和 1.1%。

4. 栽培技术要点　一般 4 月中下旬播种，营养钵育苗移栽 4 月上旬，地膜覆盖 4 月中下旬播种。密度为 2 500～3 000 株/亩。施足底肥，尤其是要增施钾肥，重施蕾花肥，后期以叶面喷施盖顶肥。根据天气和长势情况适量化调，前轻后重、少量多次。及时彻底整枝，以防烂铃，8 月上旬打顶。及时防治红蜘蛛、蚜虫、盲蝽等害虫。黄萎病重病地不宜种植。

5. 审定意见　适宜在天津、河南、山东西南部、安徽淮河以北棉区中高肥水、黄萎病非重病棉田种植。

四十二、YM111

1. 品种来源　该品种由邯郸市农业科学院选育，2017 年通过国家农作物品种审定委员会审定，审定编号为国审棉 20170002 号。

2. 主要特征特性　转抗虫基因中熟杂交品种。抗棉铃虫。黄河流域棉区春播生育期 120 天。出苗整齐，生育期长势强。株型较松散，茎秆较粗壮，茸毛较少，叶片中等大小，叶色较深。铃卵圆形，中等大小，果柄较长，结铃性强，吐絮畅且集中。株高 104.6 厘米，第一果枝节位 7.3 节。单株结铃 22.2 个，单铃重 6.1 克。子指 10.7 克，衣分 41.4%，霜前花率 92.7%。

纤维品质：HVICC 纤维上半部平均长度 28.1 毫米，断裂比强度 31.0 厘牛/特克斯，马克隆值 5.3，断裂伸长率 6.4%，反射率 74.8%，黄色深度 8.7，整齐度指数 84.8%，纺纱均匀性指数 138。

抗病性：抗枯萎病（病指 9.6），耐黄萎病（病指 28.0）。

3. 产量表现 2013年和2015年参加黄河流域棉区中熟杂交品种区域试验，两年平均亩产子棉、皮棉及霜前皮棉分别为284.5千克、117.8千克和109.2千克，分别比对照瑞杂816增产5.4%、8.8%和7.4%。2016年生产试验，平均亩产子棉、皮棉及霜前皮棉分别为275.7千克、114.3千克和107.8千克，分别比对照瑞杂816增产7.4%、11.8%和11.1%。

4. 栽培技术要点 黄河流域棉区适宜播种期4月15日左右，可采用地膜覆盖栽培。亩种植密度3 200株左右，旱薄地适当密植，高肥水地适当稀植。施足基肥，浇足底墒水，并早施、重施花铃肥，后期补施盖顶肥。化控遵循"少量多次，前轻后重"的原则，一般缩节胺亩用量蕾期1.5～2.0克，花铃期2.0～2.5克，如遇较长时间阴雨，要适当加大缩节胺用量。棉铃虫大发生时，要酌情防治，并及时防治棉蚜、红蜘蛛、盲蝽、甜菜夜蛾等棉田害虫。

5. 审定意见 适宜在天津、山西南部、河北、山东、河南、江苏和安徽淮河以北棉区种植。

四十三、邯818

1. 品种来源 该品种由邯郸市农业科学院选育，2017年通过国家农作物品种审定委员会审定，审定编号为国审棉20170003号。

2. 主要特征特性 转抗虫基因早熟常规品种。抗棉铃虫。黄河流域棉区夏播生育期104天。出苗整齐，苗势强。株高中等，株型紧凑，果枝较短，茎秆茸毛较多，叶片中等大小，叶色较浅，铃卵圆形，中等大小，结铃性好，吐絮畅。后期不早衰。株高73.8厘米，第一果枝节位6.4节。单株结铃10.4个，单铃重5.4克。子指10.6克，衣分40.6%，霜前花率90.2%。

纤维品质：HVICC纤维上半部平均长度30.0毫米，断裂比强度30.2厘牛/特克斯，马克隆值5.3，断裂伸长率6.4%，反射率74.7%，黄色深度8.4，整齐度指数84.6%，纺纱均匀性指数139。

抗病性：耐枯萎病（病指10.5）和黄萎病（病指33.7）。

3. 产量表现　2014—2015 年参加黄河流域棉区早熟常规品种区域试验，两年平均亩产子棉、皮棉及霜前皮棉分别为 239.6 千克、97.2 千克和 87.7 千克，分别比对照中棉所 50 增产 9.4%、9.4%和 6.6%。2016 年生产试验，平均亩产子棉、皮棉及霜前皮棉分别为 221.0 千克、85.0 千克和 75.7 千克，分别比对照中棉所 50 增产 8.2%、10.7%和 9.7%。

4. 栽培技术要点　黄河流域棉区 5 月 15～30 日晚春播，也可小麦行间套种或莱茬直播；麦后移栽在 5 月 10 日左右育苗。每亩种植密度 5 000～6 000 株。两熟田前茬要施足基肥，苗期每亩追施尿素 5.0～7.5 千克，进入开花期后每亩追尿素 15～20 千克或棉花专用复合肥 30 千克。一般亩用缩节胺初花期 0.5～1.0 克，盛花期 1.5～2.0 克，铃期 2.5～3.0 克。二代棉铃虫一般不需防治，三、四代棉铃虫当百株二龄以上幼虫超过 5 头时应及时防治，全生育期注意防治棉蚜、红蜘蛛、盲蝽、灰飞虱等虫害。

5. 审定意见　适宜在山西南部、河北、山东、河南种植。

四十四、航棉 12

1. 品种来源　该品种由安徽绿亿种业有限公司选育，2017 年通过国家农作物品种审定委员会审定，审定编号为国审棉 20170004 号。

2. 主要特征特性　转抗虫基因中熟常规品种。抗棉铃虫。长江流域棉区春播生育期 132 天。出苗较好，长势较强，吐絮欠畅。株型较紧凑，株高 112.5 厘米，果枝较短，上举，茎秆粗壮，茸毛较多，叶片中等，叶色深，铃卵圆形，第一果枝节位 6.9 节，单株结铃 31.2 个，单铃重 5.8 克，衣分 42.5%，子指 10.5 克，霜前花率 93.6%，僵瓣率 10.9%。

纤维品质：HVICC 纤维上半部平均长度 28.1 毫米，断裂比强度 30.3 厘牛/特克斯，马克隆值 5.5，断裂伸长率 6.7%，反射率 77.7%，黄色深度 8.2，整齐度指数 84.7%，纺纱均匀性指数 133。

抗病性：抗枯萎病（病指 7.6），耐黄萎病（病指 22.4）。

3. 产量表现 2014—2015 年参加长江流域棉区中熟品种区域试验，两年平均亩产子棉、皮棉和霜前皮棉分别为 259.9 千克、110.6 千克和 103.8 千克，子棉和皮棉均比对照鄂杂棉 10 号增产 1.9%，霜前皮棉比对照鄂杂棉 10 号减产 0.5%。2016 年生产试验，平均亩产子棉、皮棉和霜前皮棉分别为 238 千克、97.3 千克和 90.1 千克，分别比对照品种鄂杂棉 10 号减产 3.7%、3.4% 和 4.0%。

4. 栽培技术要点 长江流域棉区播期：育苗移栽 4 月上中旬，直播不晚于 4 月底。种植密度一般以 1 800～2 000 株/亩为宜，高水肥地块 1 500～2 000 株/亩，中等肥力地块 1 600～2 200 株/亩。在增施有机肥的基础上，轻施苗肥，稳施、早施蕾肥，重施花铃肥，补施盖顶肥，喷施叶面肥。一般可在蕾期、初花期、盛花结铃期及打顶后进行 3～4 次化控。二代棉铃虫一般不需防治，三、四代棉铃虫当百株二龄以上幼虫超过 5 头时应及时防治，并注意防治棉蚜、红蜘蛛、盲蝽等虫害。

5. 审定意见 适宜在江苏和安徽淮河以南、浙江沿海、江西和湖南北部、湖北、河南南部、四川丘陵棉区春播种植。

四十五、国欣棉 15

1. 品种来源 该品种由河间市国欣农村技术服务总会选育，2017 年通过国家农作物品种审定委员会审定，审定编号为国审棉 20170005 号。

2. 主要特征特性 转抗虫基因中熟常规品种。抗棉铃虫。长江流域棉区春播生育期 131 天。出苗好，长势强，整齐度好，不早衰，吐絮较畅，株型较紧凑，株高 111.5 厘米，果枝较长，茎秆粗壮，茸毛多，叶片较大，叶色深，铃卵圆形，第一果枝节位 7 节，单株结铃 28.7 个，单铃重 6.4 克，衣分 42%，子指 11.9 克，霜前花率 94.3%，僵瓣率 11%。

纤维品质：HVICC 纤维上半部平均长度 29.5 毫米，断裂比强度 30.4 厘牛/特克斯，马克隆值 5.5，断裂伸长率 5.9%，反射率 77.8%，黄色深度 8.0，整齐度指数 85.5%，纺纱均匀性指数 141。

抗病性：抗枯萎病（病指 6.7），耐黄萎病（病指 25.9）。

3. 产量表现 2014—2015 年参加长江流域棉区中熟品种区域试验，两年平均亩产子棉、皮棉和霜前皮棉分别为 248.4 千克、104.3 千克和 98.5 千克，分别比对照鄂杂棉 10 号减产 2.7%、3.9%和 5.6%。2016 年生产试验，平均亩产子棉、皮棉和霜前皮棉分别为 248.6 千克、100.2 千克和 93.0 千克，子棉比对照鄂杂棉 10 号增产 0.6%，皮棉和霜前皮棉分别比对照鄂杂棉 10 号减产 0.6%和 0.9%。

4. 栽培技术要点 长江流域棉区育苗移栽时，4 月上中旬播种，5 月上中旬移栽；直播不晚于 4 月底。种植密度高水肥地块 1 500～1 800 株/亩，中等肥力地块 1 600～2 000 株/亩。轻施苗肥，稳施、早施蕾肥，重施花铃肥，并注意增施有机肥，补施盖顶肥，喷施叶面肥。视棉花长势及天气情况合理使用化学调节剂。二代棉铃虫一般不需防治，三、四代棉铃虫当百株二龄以上幼虫超过 5 头时应及时防治，并注意防治棉蚜、红蜘蛛、盲蝽等虫害。

5. 审定意见 适宜在江苏和安徽淮河以南、浙江沿海、江西和湖南北部、湖北、河南南部、四川丘陵棉区春播种植。

四十六、江农棉 2 号

1. 品种来源 该品种由江西农庄主农业科技开发有限公司选育，2017 年通过国家农作物品种审定委员会审定，审定编号为国审棉 20170007 号。

2. 主要特征特性 转抗虫基因中熟杂交品种。抗棉铃虫。长江流域棉区春播生育期 126 天。出苗较好，长势强，整齐度较好，株型较松散，株高 117.5 厘米，果枝长，较平展，茎秆较粗壮，无茸毛，叶片较大，叶色较深，铃卵圆形，第一果枝节位 7.4 节，单株结铃 30.5 个，单铃重 6.3 克，衣分 42.1%，子指 11.1 克，霜前花率 93.9%，僵瓣率 10.7%。生长势强，不早衰，吐絮畅。

纤维品质：HVICC 纤维上半部平均长度 30.2 毫米，断裂比强度 30.4 厘牛/特克斯，马克隆值 4.9，断裂伸长率 5.8%，反射率 77.7%，黄色深度 8.3，整齐度指数 85.4%，纺纱均匀性指数 146。

抗病性：耐枯萎病（病指 13.5）和黄萎病（病指 33.0）。

3. 产量表现 2013—2014 年参加长江流域棉区中熟杂交品种区域试验，两年平均亩产子棉、皮棉及霜前皮棉分别为 266.4 千克、111.9 千克和 105.2 千克，分别比对照鄂杂棉 10 号增产 4.8%、7.2%和 6.6%。2015 年生产试验，平均亩产子棉、皮棉及霜前皮棉分别为 255.9 千克、112.3 千克和 107.4 千克，分别比对照鄂杂棉 10 号增产 4.4%、7.8%和 7.4%。

4. 栽培技术要点 长江流域棉区播期：育苗移栽 4 月上中旬播种，直播不晚于 4 月底。种植密度高水肥地块 1 500～2 000 株/亩，中等水肥地块 1 600～2 200 株/亩。轻施苗肥，稳施、早施蕾肥，重施花铃肥，补施盖顶肥，喷施叶面肥。全生育期一般亩施纯氮 28 千克、纯磷 10.9 千克、纯钾 25.8 千克。视棉花长势及天气情况合理使用化学调节剂。二代棉铃虫一般不需防治，三、四代棉铃虫当百株二龄以上幼虫超过 5 头时应及时防治，并注意防治棉蚜、红蜘蛛、盲蝽等虫害。

5. 审定意见 适宜在江苏和安徽淮河以南、浙江沿海、江西和湖南北部、湖北、河南南部、四川丘陵棉区春播种植。

四十七、新石 K21

1. 品种来源 该品种由石河子农业科学研究院选育，2017 年通过国家农作物品种审定委员会审定，审定编号为国审棉 20170009 号。

2. 主要特征特性 非转基因早熟常规品种。不抗棉铃虫。西北内陆棉区春播生育期 118 天。长势强，整齐度较好，早熟，不早衰，吐絮畅而集中。株型较紧凑，株高 70.3 厘米，Ⅱ式果枝，茎秆粗壮，不易倒伏，茸毛较多，叶片较小、叶色深，铃卵圆形，第一果枝节位 5.5 节，单株结铃 6.4 个，单铃重 5.6 克，衣分 42.9%，子指 9.7 克，霜前花率 98.5%。

纤维品质：HVICC 纤维上半部平均长度 29.8 毫米，断裂比强度 30.1 厘牛/特克斯，马克隆值 4.2，断裂伸长率 6.5%，反射率 81.9%，黄色深度 7.4，整齐度指数 84.9%，纺纱均匀性指数 153.5。

抗病性：高抗枯萎病（病指 3.8），感黄萎病（病指 47.6）。

3. 产量表现　2014—2015 年参加西北内陆棉区早熟品种区域试验，两年平均亩产子棉、皮棉和霜前皮棉分别为 347.4 千克、149.2 千克和 146.8 千克，分别比对照新陆早 36 号增产 6.1%、9.7%和 9.2%。2016 年生产试验，平均亩产子棉、皮棉和霜前皮棉分别为 347.6 千克、148.1 千克和 141.7 千克，分别比对照新陆早 36 号增产 10.4%、14.5%和 14.6%。

4. 栽培技术要点　西北内陆棉区一般 4 月上中旬地膜覆盖播种。种植密度高水肥地块 12 000～13 000 株/亩，中等水肥地块 14 000～15 000 株/亩，旱薄地 16 000 株/亩。施足底肥，重施初花肥，现蕾后注意喷施硼肥，适当补施盖顶肥。实施全程化控，根据棉花长势及天气情况，适量使用生长调节剂。注意及时防治棉铃虫、棉蓟马、棉蚜、红蜘蛛、盲蝽等虫害。

5. 审定意见　适宜在西北内陆早熟棉区无（或轻）黄萎病棉田种植。

四十八、禾棉 A9-9

1. 品种来源　该品种由巴州禾春洲种业有限公司选育，2017 年通过国家农作物品种审定委员会审定，审定编号为国审棉 201700010 号。

2. 主要特征特性　非转抗虫基因早中熟常规品种。不抗棉铃虫。西北内陆棉区春播生育期 139 天。长势强，整齐度较好，晚熟，吐絮畅。植株塔形，株高 60.6 厘米，果枝较长，Ⅱ式果枝，茎秆茸毛少，叶片大，叶色深，铃卵圆形，第一果枝节位 6.0 节，单株结铃 5.9 个，单铃重 5.8 克，衣分 45.7%，子指 9.9 克，霜前花率 93.6%。

纤维品质：HVICC 纤维上半部平均长度 30.7 毫米，断裂比强度 30.2 厘牛/特克斯，马克隆值 4.2，断裂伸长率 7.2%，反射率 78.6%，黄色深度 7.6，整齐度指数 84.5%，纺纱均匀性指数 149。

抗病性：抗枯萎病（病指 9.9）和黄萎病（病指 18.9）。

3. 产量表现 2014—2015 年西北内陆早中熟品种区域试验，两年平均亩产子棉、皮棉和霜前皮棉分别为 340.3 千克、155.8 千克和 145.6 千克，分别比对照中棉所 49 增产 1.5%、8.2% 和 7.8%。2016 年生产试验，平均亩产子棉、皮棉和霜前皮棉分别为 406.1 千克、180.8 千克和 173.7 千克，分别比对照中棉所 49 增产 6.8%、13.5% 和 11.4%。

4. 栽培技术要点 西北内陆早中熟棉区适宜播期 4 月 5～25 日，每亩定植密度 13 000～15 000 株为宜。科学用肥。根据苗情和天气状况灌溉，尤其注意 7 月高温期间的合理灌溉。采用全程化调，一般在 3～4 片真叶期轻控，初花期中控，打顶后 5～7 天重控，旺长棉田在 7 月底至 8 月初补控。7 月上中旬打顶，单株留果枝 8～10 台。采取综合措施防治病虫害。

5. 审定意见 适宜在西北内陆早中熟棉区种植。

四十九、中棉所 110

1. 品种来源 该品种由中国农业科学院棉花研究所，山东众力棉业科技有限公司选育，2018 年通过国家农作物品种审定委员会审定，审定编号为国审棉 20180001 号。

2. 主要特征特性 转抗虫基因中熟常规品种。抗棉铃虫。黄河流域棉区春播生育期 122 天。出苗好，苗势较好，整个生育期长势好，整齐度较好。植株较高，株型松散，茎秆较粗壮，茸毛较少，叶片中等大小，叶色较浅，铃卵圆形，中等大，铃尖较明显，结铃性较好，吐絮畅。早熟性好，后期叶功能好。株高 106.1 厘米，第一果枝节位 6.7 节，单株结铃 19.6 个，单铃重 6.2 克，子指 11.0 克，衣分 40.2%，霜前花率 92.8%。

纤维品质：HVICC 纤维上半部平均长度 29.3 毫米，断裂比强度 31.0 厘牛/特克斯，马克隆值 5.5，断裂伸长率 6.0%，反射率 76.0%，黄度 8.1，整齐度指数 85.1%，纺纱均匀性指数 141。

抗病性：耐枯萎病（病指 12.2），耐黄萎病（病指 32.2）。

3. 产量表现　2015—2016 年参加黄河流域棉区中熟常规品种区域试验，两年平均亩产子棉、皮棉及霜前皮棉分别为 278.1 千克、111.7 千克和 103.6 千克，分别比对照石抗 126 增产 4.9%、10.4%和 9.4%。2017 年生产试验，平均亩产子棉、皮棉及霜前皮棉分别为 281.02 千克、112.97 千克和 104.43 千克，分别比对照石抗 126 增产 3.9%、14.1%和 15.3%。

4. 栽培技术要点　黄河流域棉区露地直播以 4 月下旬播种为宜；采用营养钵育苗移栽，以 4 月上中旬播种为宜。种植密度高水肥地块 2 500～3 000 株/亩，中等水肥地块 3 000～3 500 株/亩，旱薄地 4 000～5 000 株/亩。适当增施有机肥和磷、钾肥，施足底肥重施花铃肥，适当补充硼肥和锌肥及其他微量肥料。7 月下旬根据长势和天气适时打顶，酌情使用生长调节剂，遵循“前促后控，前少后多，少量多次”的原则。二代棉铃虫一般不需防治，三、四代棉铃虫当百株二龄以上幼虫超过 5 头时应及时防治，全生育期注意防治蚜虫、盲蝽、红蜘蛛、烟粉虱等害虫。黄萎病重病地不宜种植。

5. 审定意见　适宜在山西南部、陕西关中、河北、山东、河南、江苏淮河以北和安徽淮河以北棉区种植。

五十、鲁棉 1127

1. 品种来源　该品种由山东棉花研究中心选育，2018 年通过国家农作物品种审定委员会审定，审定编号为国审棉 20180002 号。

2. 主要特征特性 转抗虫基因中熟常规品种。抗棉铃虫。黄河流域棉区春播生育期121天。出苗好，苗势较好，前、中期长势较好，后期长势一般，整齐度较好。植株高中等，株型较松散，茎秆茸毛少，叶片中等大小，叶色较深，铃长卵圆形，较大，结铃性较好，吐絮畅。早熟性较好，后期不早衰。株高100.0厘米，第一果枝节位6.5节，单株结铃19.4个，单铃重6.2克，子指12.1克，衣分40.9%，霜前花率92.5%。

纤维品质：HVICC纤维上半部平均长度29.3毫米，断裂比强度31.3厘牛/特克斯，马克隆值5.4，断裂伸长率6.0%，反射率76.7%，黄度8.4，整齐度指数85.3%，纺纱均匀性指数144。

抗病性：高抗枯萎病（病指4.5），耐黄萎病（病指28.5）。

3. 产量表现 2015—2016年参加黄河流域棉区中熟常规品种区域试验，两年平均亩产子棉、皮棉及霜前皮棉分别为284.3千克、116.2千克和107.5千克，分别比对照石抗126增产7.2%、14.8%和13.5%。2017年生产试验，平均亩产子棉、皮棉及霜前皮棉分别为285.77千克、116.16千克和107.82千克，分别比对照石抗126增产5.6%、17.3%和19.1%。

4. 栽培技术要点 黄河流域棉区一般4月中下旬播种，采用地膜覆盖方式可适当提前播种。种植密度高肥水地块2 500～3 000株/亩，中等肥力地块3 500～4 000株/亩。施足底肥，现蕾后注意喷施硼肥，初花期及时追肥浇水，重施花铃肥，后期补施钾肥。根据棉花长势及天气情况合理化控，简化整枝时要适当增加化控。二代棉铃虫一般年份不需防治，三、四代棉铃虫当百株二龄以上幼虫超过5头时应及时防治；全生育期注意防治棉蚜、红蜘蛛、盲蝽等其他害虫。黄萎病重病地不宜种植。

5. 审定意见 适宜在天津、山西南部、陕西关中、河北、山东、河南、江苏淮河以北和安徽淮河以北棉区种植。

五十一、鲁杂2138

1. 品种来源 该品种由山东棉花研究中心选育，2018年通过国家农作物品种审定委员会审定，审定编号为国审棉 20180003 号。

2. 主要特征特性　转抗虫基因中熟三系杂交品种。抗棉铃虫。黄河流域棉区春播生育期 123 天。出苗较好，前中期长势较好，后期长势一般，整齐度较好。植株较高，株型略松散，茎秆硬朗，茸毛较多，果枝长而平展，叶片中等大小，叶色中绿，铃卵圆形，较大，铃尖不明显，结铃性强，后劲足，略晚熟，吐絮欠畅。株高 109.5 厘米，第一果枝节位 7.2 节，单株结铃 20.0 个，单铃重 6.8 克，子指 11.3 克，衣分 42.5%，霜前花率 92.2%。

纤维品质：HVICC 纤维上半部平均长度 28.6 毫米，断裂比强度 30.2 厘牛/特克斯，马克隆值 5.4，断裂伸长率 6.2%，反射率 75.3%，黄度 8.5，整齐度指数 85.3%，纺纱均匀性指数 139。

抗病性：高抗枯萎病（病指 2.9），耐黄萎病（病指 34.1）。

3. 产量表现　2015—2016 年参加黄河流域棉区中熟杂交品种区域试验，两年平均亩产子棉、皮棉及霜前皮棉分别为 269.7 千克、114.7 千克和 105.7 千克，分别比对照瑞杂 816 增产 0.4%、5.5%和 2.5%。2017 年生产试验，平均亩产子棉、皮棉及霜前皮棉分别为 258.08 千克、107.78 千克和 94.08 千克，子棉和霜前皮棉分别比对照减产 3.2%和 4.2%，皮棉比对照增产 1.7%。

4. 栽培技术要点　营养钵育苗移栽棉田应于 4 月初育苗，5 月初移栽；直播地膜棉田以 4 月中下旬播种为宜。种植密度 2 200～2 800株/亩。重施有机肥作底肥，蕾期亩施尿素、磷酸二铵各 7.5 千克，6 月底或 7 月初见花重施花铃肥，并在 7 月 25 日前后，视情况施盖顶肥。7 月 20 日前后打顶。根据土壤湿度和天气状况每亩施用助壮素 2～4 毫升或缩节胺 0.5～1.0 克。二代棉铃虫一般不需化学药物防治，三、四代棉铃虫当百株二龄以上幼虫超过 5 头时应及时防治；全生育期注意防治棉蚜、红蜘蛛、盲蝽、烟粉虱等害虫。

5. 审定意见　适宜在河北、山东、河南北部和安徽淮河以北棉区种植。

五十二、华惠 13

1. 品种来源 该品种由湖北惠民农业科技有限公司选育，2018 年通过国家农作物品种审定委员会审定，审定编号为国审棉 20180004 号。

2. 主要特征特性 转抗虫基因中熟杂交品种。抗棉铃虫。长江流域棉区春播生育期 128 天。出苗好，长势强，整齐度好，不早衰，吐絮畅。株型较松散，株高 121.1 厘米，果枝较长、平展，茎秆粗壮，无茸毛，叶片较大，叶色深，第一果枝始节位 7.4 节，单株结铃 32.2 个，铃卵圆形，单铃重 6.1 克，衣分 42.3%，子指 11.4 克，霜前花率 94.3%，僵瓣率 7.1%。

纤维品质：HVICC 纤维上半部平均长度 30.5 毫米，断裂比强度 33.0 厘牛/特克斯，马克隆值 5.0，断裂伸长率 6.6%，反射率 78.7%，黄色深度 7.7，整齐度指数 86.6%，纺纱均匀性指数 160。

抗病性：耐枯萎病（病指 16.9），耐黄萎病（病指 25.6）。

3. 产量表现 2015—2016 年参加长江流域棉区中熟品种区域试验，两年平均亩产子棉、皮棉和霜前皮棉分别为 278.2 千克、117.8 千克和 111.6 千克，分别比对照鄂杂棉 10 号增产 3.1%、4.6%和 3.4%。2017 年生产试验，平均亩产子棉、皮棉和霜前皮棉分别为 248.5 千克、103.6 千克和 97.1 千克，分别比对照克 K39 增产 11.4%、9.4%和 12.2%。

4. 栽培技术要点 长江流域棉区育苗移栽，4 月上中旬播种。种植密度一般以 2 000 株/亩左右，高水肥地块 1 500～2 000 株/亩，中等肥力地块 2 000～2 200 株/亩。在增施有机肥的基础上，轻施苗肥，稳施、早施蕾肥，重施花铃肥，补施盖顶肥，喷施叶面肥。全生育期一般亩施纯氮 16 千克、纯磷 10.9 千克、纯钾 16 千克。一般可在蕾期、初花期、盛花结铃期及打顶后进行 3～4 次化控。二代棉铃虫一般不需防治，三、四代棉铃虫当百株二龄以上幼虫超过 5 头时应及时防治；注意防治棉蚜、红蜘蛛、盲蝽等虫害。

黄萎病和枯萎病重病地不宜种植。

5. 审定意见　适宜在江苏和安徽淮河以南、浙江沿海、江西北部、湖北、河南南部、湖南北部和四川丘陵棉区春播种植。

五十三、湘杂198

1. 品种来源　该品种由湖北省荆州田野种业有限公司选育，2018年通过国家农作物品种审定委员会审定，审定编号为国审棉20180005号。

2. 主要特征特性　转抗虫基因中熟杂交品种。抗棉铃虫。长江流域棉区春播生育期125天。出苗较好，长势较强，整齐度好，不早衰，吐絮畅。株型较松散，株高110厘米，果枝较长、平展，茎秆较粗壮，茸毛较少，叶片较大，叶色较深，第一果枝始节位6.5节，单株结铃32.7个，铃卵圆形，单铃重6.1克，衣分42.4%，子指11.1克，霜前花率95.4%，僵瓣率6.8%。

纤维品质：HVICC纤维上半部平均长度28.7毫米，断裂比强度30.8厘牛/特克斯，马克隆值5.1，断裂伸长率6.5%，反射率78.5%，黄色深度7.5，整齐度指数84.8%，纺纱均匀性指数140。

抗病性：抗枯萎病（病指7.6），耐黄萎病（病指25.1）。

3. 产量表现　2015—2016年参加长江流域棉区中熟品种区域试验，两年平均亩产子棉、皮棉和霜前皮棉分别为281.6千克、119.4千克和114.4千克，分别比对照鄂杂棉10号增产5.5%、7.0%和6.9%。2017年生产试验，平均亩产子棉、皮棉和霜前皮棉分别为254.7千克、107.2千克和100.3千克，分别比对照克K39增产14.2%、13.1%和15.8%。

4. 栽培技术要点　长江流域棉区营养钵育苗移栽，4月中旬抢晴播种，5月中旬移栽，种植密度1 800株/亩左右。大田施足底肥，多施有机肥，增施磷、钾肥和硼、锌等微肥。5月轻施苗肥，6月稳施蕾肥，7月重施花铃肥，8月补施盖顶肥。化学调控前轻后重，少量多次，适时适度使用缩节胺。及时搞好病虫害的综合防治。二代棉铃虫一般不需防治，三、四代棉铃虫当百株二龄以上幼虫超过 5 头时应及时防治。黄萎病重病地不宜种植。

5. 审定意见 适宜在江苏和安徽淮河以南、浙江沿海、江西北部、湖北、河南南部、湖南北部和四川丘陵棉区春播种植。

五十四、创棉 508

1. 品种来源 该品种由创世纪种业有限公司选育，2018 年通过国家农作物品种审定委员会审定，审定编号为国审棉 20180006 号。

2. 主要特征特性 非转基因常规早熟品种。不抗棉铃虫。西北内陆春播生育期 125 天。出苗快而整齐，生长势强，整齐度好，较早熟，后期不早衰，含絮较好，吐絮畅，好拾花。茎秆坚韧，不易倒伏。株高 78.1 厘米，株型较紧凑，植株茸毛较多，叶片中等偏大，叶色浅绿，叶片较厚，叶裂较浅，铃卵圆形，铃嘴较突出，铃面粗糙，第一果枝始节位 5.6 节，单株结铃 6.2 个，单铃重 6.4 克，衣分 41.0%，子指 11.9 克，霜前花率 97.2%。

纤维品质：HVICC 纤维上半部平均长度 30.4 毫米，断裂比强度 31.9 厘牛/特克斯，马克隆值 4.4，断裂伸长率 6.6%，反射率 80.1%，黄色深度 7.4，整齐度指数 84.8%，纺纱均匀性指数 156.5。

抗病性：抗枯萎病（病指 5.7），黄萎病抗性优于对照（2015 年黄萎病病指 43.2，对照新陆早 36 号 49.0；2016 年黄萎病病指 33.2，对照新陆早 36 号 50.0）。

3. 产量表现 2015—2016 年参加西北内陆早熟品种区域试验，两年平均亩产籽棉、皮棉和霜前皮棉分别为 362.4 千克、149.0 千克和 144.5 千克，分别比对照新陆早 36 号增产 12.7%、10.4%和 8.6%。2017 年生产试验，平均亩产子棉、皮棉和霜前皮棉分别为 412.9 千克、173.7 千克和 165.4 千克，分别比对照新陆早 36 号增产 14.2%、14.1%和 11.5%。

4. 栽培技术要点 4 月 15～20 日播种。中等肥力田块种植密度每亩 15 000 株左右。施足底肥，早施重施花铃肥，补施盖顶肥，增施有机肥、钾肥和硼肥。生育期间化控 3～4 次，第一片真叶期就可以开始调控，根据长势确定用量，打顶后一周要适当加大缩节胺用量。全生育期做好病虫害的综合防治，重点抓好红蜘蛛、蚜虫、棉铃虫的防治。黄萎病重病地不宜种植。

5. 审定意见　适宜在西北内陆早熟棉区种植，黄萎病重病地不宜种植。

五十五、冈 0996

1. 品种来源　该品种由武汉佳禾生物科技有限责任公司、黄冈市农业科学院选育，2019 年通过国家农作物品种审定委员会审定，审定编号为国审棉 20190002 号。

2. 主要特征特性　转抗虫基因中熟杂交品种。抗棉铃虫。春播生育期 123 天。出苗好，长势强，整齐度好，不早衰，吐絮畅。植株较松散，株高 111.3 厘米，果枝较长、斜举，茎秆较粗壮，茸毛较多，叶片较大，叶色较深，第一果枝节位 6.6 节，单株结铃 32.7 个，铃卵圆形，单铃重 5.7 克，衣分 43.1%，子指 10.6 克，霜前花率 92.8%，僵瓣率 9.1%。

纤维品质：HVICC 纤维上半部平均长度 29.6 毫米，断裂比强度 34.1 厘牛/特克斯，马克隆值 5.3，断裂伸长率 5.5%，反射率 76.6%，黄色深度 7.6，整齐度指数 85.7%，纺纱均匀性指数 153。

抗病性：耐枯萎病（病指 12.9），耐黄萎病（病指 31.5）。

3. 产量表现　2016—2017 年参加长江流域棉区中熟品种区域试验，2016 年平均亩产子棉、皮棉和霜前皮棉分别为 274.6 千克、118.9 千克和 110.8 千克，分别比对照鄂杂棉 10 号增产 3.3%、9.1%和 8.0%；2017 年平均亩产子棉、皮棉和霜前皮棉分别为 251.7 千克、108.2 千克和 101.6 千克，分别比对照克 K39 增产 13.5%、16.1%和 18.8%；两年平均亩产子棉、皮棉和霜前皮棉分别为 263.1 千克、113.6 千克和 106.2 千克，分别比对照平均增产 8.4%、12.6%和 13.4%。2018 年生产试验，平均亩产子棉、皮棉和霜前皮棉分别为 295.7 千克、126.4 千克和 119.6 千克，分别比对照克 K39 增产 14.2%、18.6%和 20.0%。

4. 栽培技术要点 育苗移栽应在 4 月上中旬适时播种，种植密度一般以 1 800～2 000 株/亩为宜。在增施有机肥的基础上，早施、稳施蕾肥，重施花铃肥，看苗补施盖顶肥，全生育期一般亩施纯氮 12.5～17.5 千克、纯磷 7.5～10 千克、纯钾 12.5～17.5 千克。因苗情搞好化控，一般可在蕾期、初花期、盛花结铃期及打顶后进行 3～4 次化控。二代棉铃虫一般不需防治，三、四代棉铃虫当百株二龄以上幼虫超过 5 头时应及时防治，并注意防治红蜘蛛、棉蚜、盲蝽、斜纹夜蛾等虫害。枯萎病和黄萎病重病地不宜种植。

5. 审定意见 适宜在江苏和安徽淮河以南、浙江沿海、江西北部、湖北、河南南部、湖南北部和四川丘陵棉区春播种植。

五十六、国欣棉 18

1. 品种来源 该品种由河间市国欣农村技术服务总会、新疆国欣种业有限公司选育，2019 年通过国家农作物品种审定委员会审定，审定编号为国审棉 20190003 号。

2. 主要特征特性 转抗虫基因中熟杂交品种。抗棉铃虫。春播生育期 125 天。出苗好，长势强，整齐度好，不早衰，吐絮畅。植株松散，株高 113.5 厘米，果枝较长、斜举，茎秆粗壮，茸毛多，叶片大，叶色较深，第一果枝节位 6.7 节，单株结铃 29.7 个，铃卵圆形，单铃重 6.5 克，衣分 41.8%，子指 12.7 克，霜前花率 93.1%，僵瓣率 9.4%。

纤维品质：HVICC 纤维上半部平均长度 30.5 毫米，断裂比强度 33.4 厘牛/特克斯，马克隆值 5.2，断裂伸长率 5.9%，反射率 76.8%，黄色深度 7.6，整齐度指数 85.9%，纺纱均匀性指数 155。

抗病性：高抗枯萎病（病指 2.9），耐黄萎病（病指 26.9）。

3. 产量表现 2016—2017 年参加长江流域棉区中熟品种区域

试验，2016 年平均亩产子棉、皮棉和霜前皮棉分别为 265.1 千克、110.2 千克和 103.8 千克，分别比对照鄂杂棉 10 号增产 0.5%、1.8%和 2.0%；2017 年平均亩产子棉、皮棉和霜前皮棉分别为 240.2 千克、101.1 千克和 94.1 千克，分别比对照 GK39 增产 8.4%、8.4%和 10.1%；两年平均亩产子棉、皮棉和霜前皮棉分别为 252.7 千克、105.7 千克和 99.0 千克，分别比对照平均增产 4.4%、5.1%和 6.1%。2018 年生产试验，平均亩产子棉、皮棉和霜前皮棉分别为 280.7 千克、115.4 千克和 108.9 千克，分别比对照 GK39 增产 8.4%、8.3%和 9.3%。

4. 栽培技术要点　育苗移栽应在 4 月上中旬播种、5 月上中旬移栽，种植密度一般以 1 800～2 000 株/亩为宜。在增施有机肥的基础上，注意增施磷、钾肥，控制氮肥过量。一般亩施纯氮 15 千克、纯磷 10 千克、纯钾 15 千克。坚持轻施苗肥，稳施、早施蕾肥，重施花铃肥，补施盖顶肥，后期注意喷施叶面肥。因苗情、地力搞好化控，一般可在蕾期、初花期、花铃期及打顶后进行 3～4 次化控，掌握前轻后重的原则。二代棉铃虫一般不需防治，三、四代棉铃虫当百株二龄以上幼虫超过 5 头时应及时防治，并注意防治白粉虱、棉蚜、红蜘蛛、盲蝽等害虫。黄萎病重病地不宜种植。

5. 审定意见　适宜在江苏和安徽淮河以南、浙江沿海、江西北部、湖北、河南南部、湖南北部和四川丘陵棉区春播种植。

五十七、中棉所 119

1. 品种来源　该品种由中国农业科学院棉花研究所选育，2019 年通过国家农作物品种审定委员会审定，审定编号为国审棉 20190005 号。

2. 主要特征特性　转抗虫基因中熟常规品种。抗棉铃虫。春播生育期 118 天。出苗较好，苗壮，植株较松散，果枝较长、平展，茎秆较粗壮，茸毛较多，叶片中等大小，叶色较深，不早衰，早熟性好。铃卵圆形、中等大小，结铃性较好，吐絮畅。株高 105.5 厘米，第一果枝节位 6.9 节，单株结铃 19.3 个，单铃重 6.7

克，子指 11.5 克，衣分 41.3%，霜前花率 92.0%。

纤维品质：HVICC 纤维上半部平均长度 30.9 毫米，断裂比强度 30.1 厘牛/特克斯，马克隆值 5.0，断裂伸长率 4.8%，反射率 78.1%，黄色深度 8.3，整齐度指数 83.9%，纺纱均匀性指数 139。

抗病性：高抗枯萎病（病指 4.7），耐黄萎病（病指 25.7）。

3. 产量表现 2016—2017 年参加黄河流域棉区中熟常规品种区域试验，两年平均亩产子棉、皮棉及霜前皮棉分别为 281.9 千克、116.3 千克和 107.0 千克，分别比对照石抗 126 增产 4.8%、17.0%和 17.2%。2018 年生产试验，平均亩产子棉、皮棉及霜前皮棉分别为 268.5 千克、113.7 千克和 108.7 千克，分别比对照石抗 126 增产 6.2%、21.7%和 23.6%。

4. 栽培技术要点 采用营养钵育苗移栽以 4 月上旬播种为宜，露地直播以 4 月下旬播种为宜。种植密度高水肥地块 2 500～3 000 株/亩，中等水肥地块 3 000～3 500 株/亩，旱薄地 3 500～4 000 株/亩。施足底肥，早施花铃肥，适当补施盖顶肥。根据棉花长势及天气情况合理化控，株高控制在 110 厘米左右。二代棉铃虫一般年份不需防治，三、四代棉铃虫当百株二龄以上幼虫超过 5 头时应及时防治，全生育期注意防治棉蚜、红蜘蛛、盲蝽等害虫。黄萎病重病地不宜种植。

5. 审定意见 适宜在天津、山东、河南、河北、山西南部、江苏和安徽淮河以北棉区春播种植

五十八、鲁棉 696

1. 品种来源 该品种由山东棉花研究中心选育，2019 年通过国家农作物品种审定委员会审定，审定编号为国审棉 20190006 号。

2. 主要特征特性 转抗虫基因中熟常规品种。抗棉铃虫。春播生育期 119 天。出苗较好，前期长势一般，中后期长势好，植株较紧凑，果枝较长、上举，茎秆较粗壮，茸毛较多，叶片中等大小，叶色中等，不早衰，后期叶功能较好。铃卵圆形、略小，结铃

性较好，吐絮较畅。株高 107.1 厘米，第一果枝节位 7.2 节，单株结铃 20.3 个，单铃重 5.6 克，子指 11.4 克，衣分 39.6%，霜前花率 90.6%。

纤维品质：HVICC 纤维上半部平均长度 31.2 毫米，断裂比强度 33.4 厘牛/特克斯，马克隆值 5.3，断裂伸长率 4.8%，反射率 78.8%，黄色深度 7.6，整齐度指数 86.2%，纺纱均匀性指数 158。

抗病性：抗枯萎病（病指 5.8），耐黄萎病（病指 34.2）。

3. 产量表现　2016—2017 年参加黄河流域棉区中熟常规品种区域试验，两年平均亩产子棉、皮棉及霜前皮棉分别为 272.9 千克、108.1 千克和 97.9 千克，分别比对照石抗 126 增产 1.4%、8.7%和 7.2%。2018 年生产试验，平均亩产子棉、皮棉及霜前皮棉分别为 264.4 千克、106.0 千克和 99.2 千克，分别比对照石抗 126 增产 4.6%、13.6%和 12.8%。

4. 栽培技术要点　露地直播或套种以 4 月中下旬播种为宜，一般肥力地块种植密度 3 500～4 000 株/亩。重施有机肥作底肥，培育壮苗；6 月底见花重施花铃肥；7 月 25 日前后视情况施盖顶肥。7 月 20 日前后打顶，每株留果枝 14～15 个。根据棉花长势、土壤湿度和天气情况，酌情及时适度化控。二代棉铃虫一般不需化学药物防治，三、四代棉铃虫当百株二龄以上幼虫超过 5 头时应及时防治，全生育期注意防治棉蚜、红蜘蛛、盲蝽、烟粉虱等害虫。黄萎病重病地不宜种植。

5. 审定意见　适宜在天津、山东、河南、河北、山西南部、江苏和安徽淮河以北棉区春播种植。

五十九、国欣棉 25

1. 品种来源　该品种由河间市国欣农村技术服务总会，新疆国欣种业有限公司选育，2019 年通过国家农作物品种审定委员会审定，审定编号为国审棉 20190007 号。

2. 主要特征特性　转抗虫基因中熟常规品种。抗棉铃虫。春播生育期118天。出苗好，苗壮，前中期长势好，后期长势转弱。植株较紧凑，果枝较长、上举，茎秆粗壮，茸毛多，叶片中等大小，叶色深，稍早衰。铃卵圆形、较大，结铃性较好，吐絮畅而集中。株高102.3厘米，第一果枝节位6.7节，单株结铃18.9个，单铃重6.9克，子指12.5克，衣分40.9%，霜前花率94.2%。

纤维品质：HVICC纤维上半部平均长度29.3毫米，断裂比强度30.2厘牛/特克斯，马克隆值5.5，断裂伸长率5.7%，反射率77.3%，黄色深度7.9，整齐度指数85.0%，纺纱均匀性指数136。

抗病性：高抗枯萎病（病指1.5），耐黄萎病（病指34.8）。

3. 产量表现 2016—2017年参加黄河流域棉区中熟常规品种区域试验，两年平均亩产子棉、皮棉和霜前皮棉分别为277.5千克、113.4千克和106.8千克，分别比对照石抗126增产3.2%、14.0%和16.9%。2018年生产试验，平均亩产子棉、皮棉和霜前皮棉分别为278.3千克、117.2千克和113.1千克，分别比对照石抗126增产10.1%、25.6%和28.6%。

4. 栽培技术要点 采用地膜覆盖以4月中下旬播种为宜，营养钵育苗移栽在4月初播种、5月初移栽。种植密度3 000～3 500株/亩为宜。足施底肥，6月底或7月初见花重施花铃肥，亩施尿素10千克左右。根据棉花长势长相，掌握少量多次的原则进行化控，首次化控应在盛蕾期进行（0.5～0.8克/亩）。二代棉铃虫一般年份不需防治，爆发年份应及时防治，注意防治盲蝽、棉蚜等害虫。黄萎病重病地不宜种植。

5. 审定意见 适宜在山东、河南、河北、山西南部、江苏和安徽淮河以北棉区春播种植。

六十、中棉所117

1. 品种来源 该品种由中国农业科学院棉花研究所选育，2019年通过国家农作物品种审定委员会审定，审定编号为国审棉20190008号。

2. 主要特征特性　转抗虫基因中熟常规品种。抗棉铃虫。春播生育期118天。出苗好，前中期长势较好，后期长势一般，植株较松散，果枝较长、平展，茎秆较粗壮，茸毛较少，叶片中等大小，叶色中等。早熟不早衰，抗病性较好，后期叶功能较好。铃卵圆形、中等大小，结铃性好，吐絮畅而集中。株高108.1厘米，第一果枝节位7.2节，单株结铃19.0个，单铃重6.3克，子指11.9克，衣分40.2%，霜前花率89.4%。

纤维品质：HVICC纤维上半部平均长度29.7毫米，断裂比强度31.2厘牛/特克斯，马克隆值5.3，断裂伸长率5.6%，反射率78.1%，黄色深度8.0，整齐度指数84.8%，纺纱均匀性指数142。

抗病性：高抗枯萎病（病指2.7），抗黄萎病（病指15.5）。

3. 产量表现　2016—2017年参加黄河流域棉区中熟常规品种区域试验，两年平均亩产子棉、皮棉和霜前皮棉分别为269.2千克、108.3千克和96.8千克，分别比对照石抗126增产0.1%、8.9%和6.0%。2018年生产试验，平均亩产子棉、皮棉和霜前皮棉分别为268.5千克、112.4千克和106.5千克，分别比对照石抗126增产6.2%、20.3%和21.1%。

4. 栽培技术要点　采用营养钵育苗移栽以4月上旬播种为宜，地膜覆盖4月中旬播种为宜，露地直播以4月下旬播种为宜。种植密度高水肥地块2 000～2 500株/亩，中等水肥地块2 500～3 000株/亩，旱薄地3 000～3 500株/亩。施足底肥，采取稳氮增磷补钾的原则，同时增加锌、硼等微量元素，重施花铃肥，适当补施盖顶肥。株高控制在110厘米左右。二代棉铃虫一般年份不需防治，三、四代棉铃虫当百株二龄以上幼虫超过5头时应及时防治，全生育期注意防治棉蚜、红蜘蛛、盲蝽等害虫。

5. 审定意见　适宜在天津、山东（不含北部）、河南、河北、山西南部、江苏和安徽淮河以北棉区春播种植。

六十一、聊棉15

1. 品种来源　该品种由聊城市农业科学研究院，山东银兴种业股份有限公司选育，2019 年通过国家农作物品种审定委员会审定，审定编号为国审棉 20190009 号。

2. 主要特征特性 转抗虫基因中熟常规品种。抗棉铃虫。春播生育期 118 天。出苗好，全生育期长势较好，植株较松散，果枝较长、平展，茎秆较粗壮，茸毛较多，叶片中等大小，叶色深，早熟不早衰。铃卵圆形、中等大小，结铃性较好，吐絮畅。株高 104.3 厘米，第一果枝节位 7.0 节，单株结铃 19.4 个，单铃重 6.3 克，子指 11.2 克，衣分 40.6%，霜前花率 89.2%。

纤维品质：HVICC 纤维上半部平均长度 28.9 毫米，断裂比强度 30.6 厘牛/特克斯，马克隆值 5.5，断裂伸长率 5.8%，反射率 79.0%，黄色深度 7.6，整齐度指数 85.1%，纺纱均匀性指数 138。

抗病性：耐枯萎病（病指 10.5），耐黄萎病（病指 27.5）。

3. 产量表现 2016—2017 年参加黄河流域棉区中熟常规品种区域试验，两年平均亩产子棉、皮棉和霜前皮棉分别为 277.7 千克、112.6 千克和 100.3 千克，分别比对照石抗 126 增产 3.2%、13.3%和 9.8%。2018 年生产试验，平均亩产子棉、皮棉和霜前皮棉分别为 275.6 千克、117.1 千克和 110.4 千克，分别比对照石抗 126 增产 9.0%、25.4%和 25.6%。

4. 栽培技术要点 地膜覆盖以 4 月中下旬播种为宜，露地直播以 4 月下旬播种为宜。一般肥力棉田种植密度 3 000～3 500 株/亩，瘠薄地和旱地棉田种植密度 3 500～4 500 株/亩。适当增施有机肥和磷、钾肥，施足底肥重施花铃肥。根据棉花长势酌情使用生长调节剂，遵循“前促后控，前少后多，少量多次”的原则，7 月中下旬根据长势和天气适时打顶。一般情况下二代棉铃虫不需防治，三、四代棉铃虫当百株二龄以上幼虫超过 5 头时，应及时防治；全生育期注意防治棉蚜、盲蝽、红蜘蛛、烟粉虱等害虫。枯萎病、黄萎病重病地不宜种植。

5. 审定意见 适宜在天津、山东、河南、河北、山西南部、江苏和安徽淮河以北棉区春播种植。

六十二、鲁棉238

1. 品种来源 该品种由山东棉花研究中心选育，2019年通过国家农作物品种审定委员会审定，审定编号为国审棉20190010号。

2. 主要特征特性 转抗虫基因中熟常规品种。抗棉铃虫。春播生育期119天。出苗好，苗壮，前中期长势较好，后期长势转弱，植株较松散，果枝较长、平展，茎秆较粗壮，茸毛较少，叶片中等大小，叶色中等。铃近圆形、中等大小，结铃性好，吐絮较畅而集中。株高105.2厘米，第一果枝节位7.2节，单株结铃19.2个，单铃重6.3克，子指11.6克，衣分41.6%，霜前花率89.9%。

纤维品质：HVICC纤维上半部平均长度30.1毫米，断裂比强度31.4厘牛/特克斯，马克隆值5.3，断裂伸长率5.5%，反射率79.2%，黄色深度7.6，整齐度指数85.7%，纺纱均匀性指数149。

抗病性：耐枯萎病（病指18.9），耐黄萎病（病指32.0）。

3. 产量表现 2016—2017年参加黄河流域棉区中熟常规品种区域试验，两年平均亩产子棉、皮棉和霜前皮棉分别为265.2千克、110.3千克和99.1千克，子棉比对照石抗126减产1.4%，皮棉和霜前皮棉分别比对照石抗126增产11.0%和8.6%。2018年生产试验，平均亩产子棉、皮棉和霜前皮棉分别为263.3千克、111.0千克和104.5千克，分别比对照石抗126增产4.1%、18.9%和18.9%。

4. 栽培技术要点 4月中下旬春直播或春套种植，种植密度3 500～4 500株/亩。重施有机肥作底肥，培育壮苗；6月底见花重施花铃肥；7月25日前后视情况施盖顶肥。7月20日前后打顶，每株留果枝14～15个。根据植株长势、土壤湿度和天气情况，及时适度化控。二代棉铃虫一般不需化学药物防治，三、四代棉铃虫当百株二龄以上幼虫超过5头时应及时防治，全生育期注意防治棉蚜、红蜘蛛、盲蝽、烟粉虱等害虫。枯萎病、黄萎病重病地不宜种植。

5. 审定意见 适宜在山东、河南（不含东部）、河北、山西南部、江苏和安徽淮河以北棉区春播种植。

六十三、中棉所115

1. 品种来源 该品种由中国农业科学院棉花研究所选育，2019年通过国家农作物品种审定委员会审定，审定编号为国审棉20190011号。

2. 主要特征特性 转抗虫基因早熟杂交品种。抗棉铃虫。夏播生育期97天。出苗好，子叶肥厚，苗势旺，全生育期长势强。植株较松散，果枝较长、平展，茎秆较粗壮，茸毛较多，叶片较大，叶色中等，不早衰。铃卵圆形、中等大小，结铃性好，吐絮畅而集中。株高86.7厘米，第一果枝节位5.2节，单株结铃10.2个，单铃重5.8克，子指10.9克，衣分38.1%，霜前花率89.0%。

纤维品质：HVICC纤维上半部平均长度30.0毫米，断裂比强度32.5厘牛/特克斯，马克隆值4.7，断裂伸长率5.6%，反射率79.0%，黄色深度7.8，整齐度指数86.8%，纺纱均匀性指数162。

抗病性：耐枯萎病（病指13.2），耐黄萎病（病指33.9）。

3. 产量表现 2016—2017年参加黄河流域棉区早熟品种区域试验，两年平均亩产子棉、皮棉和霜前皮棉分别为264.2千克、100.7千克和89.6千克，分别比对照中棉所50增产20.0%、20.4%和20.0%。2018年生产试验，平均亩产子棉、皮棉和霜前皮棉分别为246.0千克、90.3千克和79.3千克，分别比对照中棉所50增产15.8%、12.4%和8.3%。

4. 栽培技术要点 适宜在5月25日至6月5日播种，中等肥力田块种植密度4 000～4 500株/亩。施足底肥，早施重施花铃肥，补施盖顶肥，增施有机肥、钾肥和硼肥。生育期间化控3～4次，第一片真叶期开始调控，根据长势确定用量，打顶后一周要适当加大缩节胺用量。全生育期做好病虫害的综合防治，重点抓好红蜘蛛、棉蚜、棉铃虫等害虫的防治。枯萎病、黄萎病重病地不宜种植。

5. 审定意见　适宜在山东、河南、河北、山西南部、江苏和安徽淮河以北棉区夏播种植。

六十四、鲁棉 2387

1. 品种来源　该品种由山东棉花研究中心选育，2019 年通过国家农作物品种审定委员会审定，审定编号为国审棉 20190012 号。

2. 主要特征特性　转抗虫基因早熟常规品种。抗棉铃虫。夏播生育期 96 天。出苗好，苗势旺，前中期长势好，后期长势一般。植株较紧凑，果枝较短、上举，茎秆较粗壮，茸毛较少，叶片较小，叶色淡，不早衰。铃卵圆形、中等大小，结铃性较好，吐絮畅而集中。株高 80.9 厘米，第一果枝节位 5.0 节，单株结铃 9.9 个，单铃重 5.3 克，子指 10.7 克，衣分 41.3%，霜前花率 92.0%。

纤维品质：HVICC 纤维上半部平均长度 28.1 毫米，断裂比强度 30.7 厘牛/特克斯，马克隆值 5.2，断裂伸长率 5.9%，反射率 77.3%，黄色深度 8.2，整齐度指数 85.6%，纺纱均匀性指数 142。

抗病性：高抗枯萎病（病指 0.9），抗黄萎病（病指 19.4）。

3. 产量表现　2016—2017 年参加黄河流域棉区早熟品种区域试验，两年平均亩产子棉、皮棉和霜前皮棉分别为 219.86 千克、90.8 千克和 83.8 千克，子棉比对照中棉所 50 减产 0.1%，皮棉和霜前皮棉分别比对照中棉所 50 增产 8.6%和 11.8%。2018 年生产试验，平均亩产子棉、皮棉和霜前皮棉分别为 229.1 千克、93.6 千克和 88.7 千克，分别比对照中棉所 50 增产 7.8%、16.5% 和 21.1%。

4. 栽培技术要点　小麦、油菜地可小垄套种，或瓜菜薯等作物收获后接茬直播，适宜在 5 月中下旬播种，也可 5 月上旬营养钵育苗，6 月初麦（油）后移栽。一般肥力地块种植密度 5 000～

6 000株/亩。7 月下旬打顶，单株留果枝 10～12 个。麦套栽培在麦收后应立即浇水、灭茬、追肥、治虫，促苗早发。盛蕾至见花期间重施花铃肥，一般亩追施尿素 10～15 千克，遇旱及时浇水。根据田间长势和天气情况，盛蕾至花铃期化控 2～3 次。二代棉铃虫一般不需防治，大发生年份注意在产卵高峰期化防杀卵；三、四代棉铃虫视发生轻重，一般防治 1～2 次即可；全生育期注意防治棉蚜、红蜘蛛、盲蝽等害虫。

5. 审定意见 适宜在山东、河南、河北、山西南部、江苏淮河以北棉区夏播种植。

六十五、中棉 425

1. 品种来源 该品种由中国农业科学院棉花研究所、山东众力棉业科技有限公司选育，2019 年通过国家农作物品种审定委员会审定，审定编号为国审棉 20190013 号。

2. 主要特征特性 转抗虫基因早熟常规品种。抗棉铃虫。夏播生育期 98 天。出苗好，植株较松散，果枝较长、平展，茎秆较粗壮，茸毛较多，叶片较小，叶色较深，不早衰。铃卵圆形、中等大小，结铃性好，吐絮畅。株高 83.4 厘米，第一果枝节位 5.2 节，单株结铃 10.0 个，单铃重 5.4 克，子指 11.4 克，衣分 39.4%，霜前花率 90.3%。

纤维品质：HVICC 纤维上半部平均长度 29.4 毫米，断裂比强度 31.1 厘牛/特克斯，马克隆值 4.9，断裂伸长率 6.8%，反射率 77.6%，黄色深度 8.4，整齐度指数 86.0%，纺纱均匀性指数 150。

抗病性：高抗枯萎病（病指 2.4），耐黄萎病（病指 34.6）。

3. 产量表现 2016—2017 年参加黄河流域棉区早熟品种区域试验，两年平均亩产子棉、皮棉和霜前皮棉分别为 232.6 千克、91.54 千克和 82.7 千克，分别比对照中棉所 50 增产 5.7%、9.5% 和 10.7%。2018 年生产试验，平均亩产子棉、皮棉和霜前皮棉分别为 243.5 千克、91.7 千克和 84.9 千克，分别比对照中棉所 50

增产 14.6%、14.1%和 15.9%。

4. 栽培技术要点 露地或麦（蒜）后直播以 5 月中下旬播种为宜，中等肥力田块种植密度 6 000～7 000 株/亩。两熟棉田麦收后要及时灭茬，灌提苗水，施提苗肥。施足基肥，苗期和盛蕾后期追肥，花铃期叶面喷肥。开花初期用低浓度缩节胺化控，花铃期特别是打顶后应加大缩节胺的用量，塑造丰产的群体结构。全生育期做好棉蓟马、棉蚜、棉铃虫和盲蝽的综合防治。枯萎病、黄萎病重病地不宜种植。

5. 审定意见 适宜在山东、河南、河北、江苏和安徽淮河以北棉区夏播种植。

六十六、冀丰 103

1. 品种来源 该品种由河北省农林科学院粮油作物研究所、河北冀丰棉花科技有限公司选育，2019 年通过国家农作物品种审定委员会审定，审定编号为国审棉 20190014 号。

2. 主要特征特性 转抗虫基因中熟常规品种。抗棉铃虫。春播生育期 120 天。出苗好，苗势旺，全生育期长势好、整齐度较好。植株松散，茎秆硬朗，茸毛少，果枝较长，叶片较大，叶色较深，铃大、卵圆形，铃尖明显，结铃性好，后期叶功能较好，不早衰，吐絮畅。株高 105.9 厘米，第一果枝节位 7.5 节；单株结铃 18.0 个，单铃重 6.7 克，子指 12.5 克，衣分 39.1%，霜前花率 93.8%。

纤维品质：HVICC 纤维上半部平均长度 28.8 毫米，断裂比强度 30.8 厘牛/特克斯，马克隆值 5.2，断裂伸长率 5.3%，反射率 77.2%，黄色深度 7.9，整齐度指数 84.2%，纺纱均匀性指数 136。

抗病性：抗枯萎病（病指 6.6），耐黄萎病（病指 28.0）。

3. 产量表现 2013—2014 年参加黄河流域棉区中熟常规品种区域试验，两年平均亩产子棉、皮棉及霜前皮棉分别为 272.3 千克、106.4 千克和 99.8 千克，分别比对照中植棉 2 号增产 9.8%、

7.4%和7.7%。2015年生产试验，平均亩产子棉、皮棉及霜前皮棉分别为262.4千克、105.2千克和98.4千克，分别比对照石抗126增产3.7%、6.6%和4.9%。

4. 栽培技术要点 适宜播种期为4月15～30日。每亩播种量1.0～1.5千克，种植密度3 500株/亩左右，根据地力肥沃程度适当增减。要施足底肥，重施花铃肥，结合施肥浇足水。根据棉花长势，酌情使用生长调节剂。对棉铃虫等鳞翅目害虫，要根据虫情酌情防治，全程防治棉蚜、红蜘蛛、盲蝽、灰飞虱等害虫。黄萎病重病地不宜种植。

5. 审定意见 适宜在天津、河北中南部、河南、山东和江苏淮河以北棉区种植。

六十七、F015-5

1. 品种来源 该品种由新疆金丰源种业股份有限公司选育，2019年通过国家农作物品种审定委员会审定，审定编号为国审棉20190016号。

2. 主要特征特性 非转基因早熟常规品种。春播生育期123天。出苗好，长势较强，整齐度较好，不早衰，含絮较好，吐絮畅。株形紧凑，株高77.7厘米，Ⅰ式果枝，茸毛中等，叶片较小，叶色浅，第一果枝节位5.2节，单株结铃6.3个，铃长卵圆形，单铃重5.8克，衣分41.1%，子指11.6克，霜前花率97.0%。

纤维品质：HVICC纤维上半部平均长度30.8毫米，断裂比强度35.4厘牛/特克斯，马克隆值4.9，断裂伸长率6.0%，反射率81.6%，黄色深度7.0，整齐度指数85.6%，纺纱均匀性指数173。

抗病性：高抗枯萎病（病指3.6），耐黄萎病（病指24.0）。

3. 产量表现 2016—2017年参加西北内陆早熟品种区域试验，两年平均亩产子棉、皮棉和霜前皮棉分别为364.5千克、149.9千克和145.4千克，分别比对照新陆早36号增产6.5%、6.6%和6.0%。2018年生产试验，平均亩产子棉、皮棉和霜前皮棉分别为

364.9 千克、157.0 千克和 157.0 千克，分别比对照新陆早 36 号增产 7.6%、10.7%和 10.9%

4. 栽培技术要点　播期 4 月 10～25 日为宜，每亩收获株数 13 000～15 000 株为宜。施足底肥，早施重施花铃肥，补施盖顶肥，增施有机肥、钾肥和微肥。根据棉株长势、长相、密度及棉田水肥供应情况进行全程化调。及时打顶，并做好田间杂草和病虫害的防治。黄萎病重病地不宜种植。

5. 审定意见　适宜在西北内陆早熟棉区种植。

六十八、惠远 1401

1. 品种来源　该品种由新疆惠远种业股份有限公司选育，2019 年通过国家农作物品种审定委员会审定，审定编号为国审棉 20190019 号。

2. 主要特征特性　非转基因早熟常规品种。春播生育期 122 天。出苗较好，长势较强，整齐度较好，不早衰，吐絮畅。植株较紧凑，株高 80.5 厘米，Ⅰ～Ⅱ式果枝，茸毛较少，叶片中等大小，叶色中等，第一果枝节位 5.6 节，单株结铃 6.0 个，铃卵圆形，单铃重 6.0 克，衣分 40.6%，子指 12.0 克，霜前花率 96.4%。

纤维品质：HVICC 纤维上半部平均长度 31.0 毫米，断裂比强度 31.0 厘牛/特克斯，马克隆值 4.7，断裂伸长率 7.2%，反射率 80.9%，黄色深度 7.1，整齐度指数 85.9%，纺纱均匀性指数 156。

抗病性：高抗枯萎病，耐黄萎病。

3. 产量表现　2016—2017 年参加西北内陆棉区早熟品种区域试验，两年平均亩产子棉、皮棉和霜前皮棉分别为 357.4 千克、145.1 千克和 139.9 千克，分别比对照新陆早 36 号增产 4.8%、3.5%和 2.2%。2018 年生产试验，平均亩产子棉、皮棉和霜前皮棉分别为 350.2 千克、147.0 千克和 147.0 千克，分别比对照新陆早 36 号增产 3.8%、3.9%和 3.9%。

4. 栽培技术要点　全生育期长势较强，水肥管理要注意中后期适当减量。适宜播种期为 4 月 5～20 日。定植密度每亩 13 000～15 000 株为宜。根据长势及天气情况掌握好灌水时间和灌量，一般滴灌 6～8 次。采用全程化控，苗期轻控 1～2 次，中后期化控 2～3 次，株高控制在 75 厘米左右为宜。机采棉在 7 月 1 日前打顶，手采棉在 7 月 5～10 日打顶，单株保留果枝 8～10 台。采取综合措施防治病虫害。黄萎病重病地不宜种植。

5. 审定意见 适宜在西北内陆早熟棉区种植。

六十九、新石 K28

1. 品种来源 该品种由中国农业科学院棉花研究所、石河子农业科学研究院选育，2019 年通过国家农作物品种审定委员会审定，审定编号为国审棉 20190020 号。

2. 主要特征特性 非转基因早熟常规品种。春播生育期 121 天。出苗较好，长势较强，整齐度较好，不早衰，吐絮畅。植株较紧凑，株高 77.9 厘米，Ⅰ～Ⅱ式果枝，茸毛较多，叶片中等大小，叶色中等，第一果枝节位 6.0 节，单株结铃 6.3 个，铃卵圆形，单铃重 5.8 克，衣分 42.1%，子指 10.4 克，霜前花率 95.8%。

纤维品质：HVICC 纤维上半部平均长度 31.1 毫米，断裂比强度 31.8 厘牛/特克斯，马克隆值 4.2，断裂伸长率 6.6%，反射率 82.6%，黄色深度 6.9，整齐度指数 85.6%，纺纱均匀性指数 162。

抗病性：抗枯萎病（病指 6.7），耐黄萎病（病指 28.2）。

3. 产量表现 2016—2017 年参加西北内陆早熟品种区域试验，两年平均亩产子棉、皮棉和霜前皮棉分别为 360.5 千克、151.7 千克和 144.8 千克，分别比对照新陆早 36 号增产 9.2%、11.3%和 10.1%。2018 年生产试验，平均亩产子棉、皮棉和霜前皮棉分别为 370.9 千克、160.3 千克和 160.1 千克，分别比对照新陆早 36 号增产 9.9%、13.3%和 13.2%。

4. 栽培技术要点 一般 4 月上中旬地膜覆盖播种。种植密度高水肥地块每亩 12 000～13 000 株，中等水肥地块每亩 14 000～

15 000株，旱薄地每亩 16 000 株。施足底肥，重施初花肥，现蕾后注意喷施硼肥，适当补施盖顶肥。全程化控，根据棉花长势及天气情况，适量使用生长调节剂。注意及时防治棉铃虫、棉蓟马、棉蚜、红蜘蛛和盲蝽等害虫。黄萎病重病地不宜种植。

5. 审定意见　适宜在西北内陆早熟棉区。

七十、中棉 201

1. 品种来源　该品种由中棉种业科技股份有限公司选育，2019 年通过国家农作物品种审定委员会审定，审定编号为国审棉 20190021 号。

2. 主要特征特性　非转基因早熟常规品种。春播生育期 122 天。出苗一般，长势强，整齐度较好，不早衰，吐絮畅。植株紧凑，株高 77.4 厘米，Ⅰ～Ⅱ式果枝，茸毛较少，叶片中等大小，叶色浅，第一果枝节位 5.9 节，单株结铃 7.2 个，铃卵圆形，单铃重 6.1 克，子指 11.4 克，衣分 41.3%，霜前花率 94.9%。

纤维品质：HVICC 纤维上半部平均长度 30.8 毫米，断裂比强度 32.6 厘牛/特克斯，马克隆值 4.3，断裂伸长率 7.8%，反射率 80.4%，黄度 7.6，整齐度指数 86.4%，纺纱均匀性指数 166。

抗病性：高抗枯萎病（病指 4.5），耐黄萎病（病指 33.8）。

3. 产量表现　2017—2018 年参加西北内陆棉区早熟品种区域试验，两年平均亩产子棉、皮棉及霜前皮棉分别为 360.7 千克、149.1 千克和 141.7 千克，分别比对照新陆早 36 号增产 5.5%、5.3%和 4.0%。2018 年生产试验，平均亩产子棉、皮棉及霜前皮棉分别为 359.2 千克、149.9 千克和 149.7 千克，分别比对照新陆早 36 号增产 6.5%、6.0%和 5.9%。

4. 栽培技术要点　一般 4 月上中旬地膜覆盖播种，每亩种植密度 12 000～14 000 株。株高控制在 70～80 厘米为宜。第一次灌水在 6 月上旬，第二次灌水间隔 5～7 天，8 月底停水。氮磷钾平衡施肥，施足底肥，重施花铃肥，适当补施盖顶肥，后期适当施用叶面肥。化控采取少量多次，6 月底至 7 月初打顶，打顶后 5～7

天重化控 1 次。早期注意防治棉蓟马和地老虎，全生育期注意防治棉铃虫、棉蚜、红蜘蛛和盲蝽等害虫。黄萎病重病地不宜种植。

5. 审定意见 该品种符合国家棉花品种审定标准，通过审定。适宜在西北内陆早熟棉区无（或轻）黄萎病棉田种植。

七十一、创棉 512

1. 品种来源 该品种由创世纪种业有限公司选育，2019 年通过国家农作物品种审定委员会审定，审定编号为国审棉 20190022 号。

2. 主要特征特性 非转基因早中熟常规品种。春播生育期 135 天。出苗较好，长势强，整齐度好，不早衰，吐絮较畅。植株较松散，株高 80.1 厘米，Ⅱ～Ⅲ式果枝，茸毛多，叶片大，叶色深，第一果枝节位 6.0 节，单株结铃 6.6 个，铃卵圆形，单铃重 6.4 克，衣分 43.6%，子指 11.5 克，霜前花率 97.7%。

纤维品质：HVICC 纤维上半部平均长度 31.1 毫米，断裂比强度 32.0 厘牛/特克斯，马克隆值 4.4，断裂伸长率 7.5%，反射率 81.2%，黄色深度 6.3，整齐度指数 85.8%，纺纱均匀性指数 161。

抗病性：高抗枯萎病（病指 4.2），抗黄萎病（病指 20.0）。

3. 产量表现 2016—2017 年参加西北内陆早中熟品种区域试验，两年平均亩产子棉、皮棉和霜前皮棉分别为 351.7 千克、153.4 千克和 149.9 千克，分别比对照中棉所 49 增产 10.2%、14.6%和 15.8%。2018 年生产试验，平均亩产子棉、皮棉和霜前皮棉分别为 374.4 千克、160.4 千克和 155.5 千克，分别比对照中棉所 49 增产 8.0%、13.1%和 14.5%。

4. 栽培技术要点 4 月 15～20 日播种，中等肥力田块种植密度每亩 15 000 株左右。施足底肥，早施重施花铃肥，补施盖顶肥，增施有机肥、钾肥和微肥。生育期间化控 3～4 次，第一片真叶期开始调控，根据长势确定用量，打顶后一周要适当加大缩节胺用量。全生育期重点抓好红蜘蛛、蚜虫和棉铃虫等害虫的综合防治。

5. 审定意见 适宜在西北内陆早中熟棉区种植。

第五章　棉花节水技术与手段

第一节　概述

棉花节水灌溉技术是比传统的灌溉技术明显节约用水和高效用水的灌水方法、措施和制度等的总称。是否节约灌溉用水，用水是否高效是以单位作物产量总耗水量（从水源算起直到田间）的多少来衡量，或者，以单位耗水量所取得的产值多少来衡量。现在我国采用过的和正在研究或推广使用的节水灌溉技术有数十种之多，各种技术都各有利弊，各有不同的适用条件。

棉田地面灌溉是利用各种地面灌水方法，将灌溉水通过田间沟渠或管道输入田间，水流在田面上呈持续薄水层或细小水流沿田面流动，主要借重力作用兼毛细管作用下渗湿润土壤的灌溉技术。地面灌溉是最古老的田间灌水技术，也是世界上特别是发展中国家广泛采用的一种灌水方法。目前，由于我国水资源与能源短缺，同时因经济实力、技术管理水平等因素的限制，大面积推广喷灌、微灌等先进灌溉技术还有较大难度。传统地面灌溉方法能充分满足作物的蓄水要求，技术要求也不高，投入小，运行费用低，但容易发生超量灌溉，造成水资源浪费，造成土地渍害和盐碱化，同时对土地平整要求较高。地面灌溉节水技术是在传统的地面灌溉方法的基础上，经过改进而形成的比较先进的灌溉技术，与传统的地面灌溉相比较，具有节水、灌水质量高、增产、改善作物生态环境等优点，但是存在投资相对较高，技术较复杂等不足。

喷灌、微灌、滴灌等节水灌溉技术是利用专门设备将灌溉用水从水源地输送到田间进行灌溉的技术手段，主要优点是灌水均匀、节约能量、水利用率高、节约劳动力，但是基础建设投资高、技术要求高。

抗旱节水制剂是节水农业技术中一项非常重要的辅助技术，它是利用现代化学技术提取、合成及生物技术手段研制成的制剂，具有操作简便、见效快、容易推广等优点，多年试验和生产实践证明它们对土壤、作物的水分具有较好的调控作用，既可以单独应用，也可以与其他常规的节水技术结合应用，不仅可以抵御土壤缺水干旱的威胁，还可以促进作物自身生长发育，适应不良环境的影响，多种抗旱制剂结合应用效果会更好。

第二节　沟灌节水技术

一、棉田沟灌技术的使用范围和条件

沟灌是在作物行间开挖灌水沟，灌溉时由输水沟或毛渠将灌溉水引入田间垄沟，水在流动过程中主要借重力作用和毛细管作用，从灌水沟沟底和沟两侧入渗，以湿润垄沟周围土壤的地面灌水方法。棉花沟灌适用于干旱地区棉田灌溉。沟灌比较适宜中等透水性的土壤。适宜于沟灌的地面坡度一般在0.005～0.02之间。地面坡度不宜过大，否则，水流流速快，容易使土壤湿润不均匀，达不到预定的灌水定额。棉田适于浅沟灌或细流沟灌，一般适用于土壤渗水较缓慢的土质。由于沟灌主要是借毛细管力湿润土壤，土壤入渗时间较长，故对于地面坡度较大或透水性较弱的地块，为了增加土壤入渗时间，常有意增加灌水垄沟长度，使垄沟内水流延长，形成多种多样的灌溉垄沟形式，如回曲沟、锁链沟、直形沟、八字形沟、方形沟等。

二、棉田沟灌技术的优缺点

1. 优点

①灌水后不会破坏作物根部附近的土壤结构，可以保持根部土壤疏松，通气良好。

②不会形成严重的土壤表面板结，能减少深层渗漏，防止地下水位升高和土壤养分流失。

③在多雨季节，可以利用灌水沟汇集地面径流，并及时进行排水，起到排水作用。

④沟灌能减少棉花植株间的土壤蒸发损失，有利于土壤保墒。

⑤开灌水沟时还可对作物兼起培土作用，对防止棉株倒伏效果显著。沟灌时沟状水流仅覆盖了1/5～1/4 的地面，因此与畦灌方法相比，可减弱土壤蒸发，对土壤团粒结构的破坏较小，省水，灌水效果比较理想，田间灌水有效利用率可达 80%以上。

2. 缺点　沟灌需要开挖灌水沟，劳动强度较大，若能采用开沟机械，则可使开沟速度加快，开沟质量提高，劳动强度减弱。

三、沟灌技术的关键技术

1. 灌水沟深度　依灌水沟断面尺寸及沟深可分为深灌水沟和浅灌水沟两种。深灌水沟深度大于 0.25 米，底宽大于 0.3 米；浅灌水沟深度小于 0.25 米，底宽小于 0.3 米。

2. 灌水沟的间距　灌水沟的间距，也就是沟距，应和沟灌的湿润范围相适应。根据多年的试验研究和实践，推荐轻质土沟间距 50～60 厘米，中质土沟间距为 65～75 厘米，重质土沟间距为 75～80 厘米，砂壤土沟间距为 45～60 厘米，黏壤土沟间距为 60～75 厘米，黏土沟间距为 75～90 厘米。为了保证一定种植面积上栽培作物的合理密度，一般情况下，灌水沟间距应尽可能与作物的行距相一致。作物的种类和品种不同，要求的种植行距也不相同。因此，在实际操作中，根据土壤质地确定的灌水沟间距与作物的行距不相适应时，应结合当地具体情况，考虑作物行距要求，适当调整灌水沟的间距。

3. 灌水沟的长度　灌水沟的长度与土壤的透水性和地面坡度有直接关系。地面坡度较大、土壤透水性能较弱时，灌水沟长度可以适当长一些。而地面坡度较小、土壤透水性较强时，要适当缩短灌水沟沟长。根据灌溉试验结果和生产实践经验，一般砂壤土上的灌水沟长度约为 30～50 米，黏性土壤上的沟长为 50～100 米。蔬菜作物的灌水沟长度一般较短，农作物的沟长较长。灌水沟长度不宜超过 100 米，以防止产生田间灌水损失。

4. 灌水沟的断面结构 灌水沟的断面形状一般有梯形和三角形。其深度和宽度依据土壤类型、地面坡度、作物种类等确定。为防止实施沟灌时出现“沟漫灌”等浪费水的现象，通常对于行距较窄（平均行距 0.55 米左右）、要求小水浅灌的多采用三角形断面；棉花行距较宽，一般在 0.6～0.7 米，灌水量较大，多采用梯形断面。梯形断面的灌水沟上口宽 0.6～0.7 米，沟深 0.2～0.25 米，底宽 0.2～0.3 米；三角形断面的灌水沟，上口宽 0.4～0.5 米，沟深 0.16～0.2 米，灌水沟中的水深一般为沟深的1/3～2/3。梯形断面灌水沟实施灌水后，往往会改变成为近似抛物线形断面。

四、实施沟灌技术的注意事项

1. 正确确定开沟时间 灌水沟的开沟时间，对灌溉的实际效果影响很大。开沟过早，会压伤幼苗，损失地墒；开沟过迟，则会因植株过高而使根茎受损伤，或土壤过于干燥影响开沟质量。灌水沟的开沟时间可结合中耕、施肥、培垄进行。适宜的开沟时间为苗高 50 厘米左右。开沟后一定要进行整沟，使其通畅不挡水，以避免灌水时发生串沟或漫沟。

2. 留足行距，保证开沟质量 为保证沟灌质量，作物行距要留足，灌水沟开沟深度不可太浅，这样才能达到垄大、沟深，容水多，不串沟，不漫溢，板结少。

3. 认真组织实施沟灌 实施沟灌灌水时，当各输水沟流量调整均匀后，可按两人一组划分灌水地段。一人在沟口负责调整各分水沟或灌水沟的流量，一人随水头进入田间看水，使洼地不积水，高地不阻流。

4. 对于不同沟形采取不同的引灌方法

5. 抓紧灌后中耕、蓄水保墒 据测验，在灌水量相同的情况下，中耕比不中耕可延长耐旱时间2～4 天。

第三节　干旱区棉田节水型垄沟蓄水增水技术

一、田间垄沟蓄水增水增产原理

1. 垄沟集雨作物种植集水效应　垄沟集雨就是垄作为集水面，沟作为受水面，将地表径流叠加集聚在受水面上，形成局部土壤水分叠加，从而达到节水及提高作物产量的目的。例如旱地地膜垄沟种植，土壤水分含量平均增加1.3～1.4个百分点。

2. 垄沟集水作物种植保水效应　垄沟集水可使降水入渗较平作深，因此蒸发损失会显著下降。在垄上覆膜集水的垄沟栽培系统中，地膜覆盖起到了一定的减少土壤水分蒸发的效果，保证了膜下土层土壤有较高的含水量，但在底墒不足或干旱年份，覆膜后深层土壤水分下降会更加突出，表明在干旱年份地膜覆盖不仅不能增加棉花田间贮水量，反而由于强烈的蒸腾作用使作物生长后期土壤贮水量处于较低水平，如果不进行及时灌溉，不利于棉花正常生长。

3. 垄沟集水作物种植微生境效应　垄沟集水以后，农田微生境（光、温、水、肥四要素）发生了相应的变化，覆膜垄沟种植能显著增加耕层5厘米处的土壤温度。研究表明，在冀中南平原，垄沟覆膜后在4月5～7日测定垄上5厘米、10厘米、15厘米温度，较平作高3℃。垄沟集水能显著改善作物的水分状况，特别是春后土壤水分的改善减轻了春旱的威胁。垄沟集水技术显著改善了作物在微生境中的水分状况，也有利于土壤水分的改善，水、肥条件得到较好的耦合。

二、平地垄沟种植形式及应用

1. 沟垄种植　沟垄种植是将节水理念和传统种植模式相结合的一种抗旱增产技术。干旱地区适宜种植棉花，半干旱地区适宜种植玉米、高粱等高秆作物，作物种在沟底，相当于抗旱深种，种子在湿土中利于种子发芽，而侧垄又能集雨蓄水，防止或减少地表径流，有效利用降水，将雨水通过垄沟渗入土壤深层储蓄起来，减少蒸发量，从而达到节水抗旱的目的。同时，垄沟内可避风，减少地表水分损失，可较好地保墒防寒。

沟垄种植的技术要点如下：

选地：选用地势平坦、土层深厚、土质疏松、肥力中上等、保肥保水能力较强的地块。

垄距确定：根据所种棉花和地力等因素确定垄间距，垄距一般可选 70～80 厘米，根据所种作物确定作物行距，沟深一般为 20～30 厘米。

播种施肥：为保墒起见，最好是边开沟，边播种，边施肥。假如暂时不种的，必须随时覆盖 5 厘米左右的湿土保墒。

2. 沟植垄盖 沟植与地膜覆盖相结合，形成了沟植垄盖技术，也就是在起垄的情况下地膜盖垄、沟内种植的一项技术措施。

沟植垄盖是一项具有实际意义的节水灌溉措施，也是旱作农业有效的增产措施，它改变了大水漫灌浪费过大的缺点，使有效的灌溉水得到充分利用。棉花沟植垄盖主要是垄内单作形式，垄内单作既是只在沟内种植作物，从而利用有效集水增产增收，垄上覆膜时，垄呈弧形，中高两边低，以使降水顺垄上膜流入沟内，沟内土壤要整理平整，覆膜时要求垄内土壤有一定湿度，播种时播深要一致。沟垄种植具有诸多优点，如通风透光、增温、边际效应等，可起到增产增收的效果。

第四节　膜上灌溉节水技术

棉花膜上灌溉技术是在地膜栽培的基础上发展起来的一项节水灌溉技术，是在田间将地膜平铺或起垄覆盖，实现利用地膜输水，并通过作物的放苗孔、专门渗水孔入渗进行灌溉的一种灌溉方法。膜上灌溉技术适宜干旱地区棉花种植。

一、膜上灌溉技术的形式

1. 膜畦膜孔灌溉　也称为平地覆膜孔灌溉，就是在灌溉畦内水平沿地面覆盖地膜，灌溉水流在膜上流动，通过放苗孔或专用灌水孔灌水的一种膜上灌溉方法。膜畦灌溉的地膜两侧必须翘起5厘米，并嵌入土埂中，膜畦宽度根据种植棉花和膜的宽度来确定。其优点是增加了灌水均匀度，不存在膜缝或膜旁渗漏，节水效果较好。

2. 膜孔沟灌　是将土地整成垄沟相间的地块，在沟底、沟坡面或部分垄沟背或沟内铺膜，作物种植在垄沟背或坡面上的一种灌溉方式。膜孔沟灌水流通过地膜上的专门渗水孔渗入到土壤中，再通过毛细管作用浸润作物根系附近的土壤。这种灌溉方式少数地区适宜棉花种植，但非常适用于甜瓜、西瓜、辣椒等易受水土传染病侵害的作物。

3. 膜孔膜缝灌溉　是指把地膜铺在垄沟上，相邻两膜在沟底形成的一条缝，通过放苗孔或膜缝渗水进行灌溉的一种方法。该方法由于渗水面积较其他膜孔灌溉方法大，灌溉水流较短时间渗入土壤，具有入渗快、灌水定额较小的优点，该方法棉花种植适宜新疆区域，黄淮海流域多用于蔬菜种植，其节水、增产效果非常明显。

二、膜上灌溉技术的特点

1. 节水效果明显　膜上灌溉之所以节约灌溉水量，其主要原因为：

膜上灌溉的灌溉水是通过膜孔或膜缝渗入土壤中的，因此它的湿润范围仅仅局限于根系区域，其他部分仍处于原土壤水分状态。灌溉水能被作物充分而有效地利用，所以水分利用率较高。

由于膜上灌水流是在膜上流动，于是就降低了沟畦的糙率，促使膜上水流推进速度加快，减少了土壤深层渗漏，铺膜还完全阻止了作物植株之间的土壤蒸发损失，起到了土壤保墒的作用。因此田间水有效利用率较高。

2. 灌溉质量较高

（1）*灌水均匀度高*　膜上灌不仅可以提高沿沟畦长度方向的灌水均匀度和湿润土壤的均匀度，同时也可以提高沟畦横断面上的灌水均匀度和湿润土壤的均匀度。

（2）*不破坏土壤结构*　由于膜上灌溉水流是在地膜上面流动或存蓄，通过放苗孔和灌水孔渗入土壤，不会冲刷膜下土壤表面，不会破坏土壤结构，不会使土壤表面板结。

3. 改善生态环境　膜上灌溉对棉花生态环境的影响主要表现在地膜的增湿增热效应，由于作物生育期内地面由地膜均匀覆盖，膜下土壤白天蓄积热量，晚上散热较少，而膜下的土壤水分又增大了土壤的热容量，因此导致低温提高而且相对稳定，从而促进了作物生长发育，使作物提前成熟。

4. 增产效果明显　由于膜上灌溉是通过膜孔膜缝适量地进行灌溉，为土壤提供了适宜的水分条件，并改善了棉田的水、肥、气、热的供应和生态条件，从而促使了棉花出苗率高，发育健壮，达到增产增收。

第五节　喷灌节水技术

一、喷灌原理

喷灌是将灌溉水加压，通过喷头模拟降雨的形式，在喷洒的过程中，喷头将具有压力的水喷洒到空中，形成水滴均匀洒落在田间及作物上。

二、喷灌系统结构组成

喷灌系统通常由水源工程、首部装置、输水管道、喷头等部分组成。

1. 水源工程　是指能够提供灌溉用水的水源，如河流、湖泊、池塘、水井等。

2. 首部装置 是指将灌溉用水从水源点吸提、增压、输送到管道系统的装置，一般是指潜水泵、加压泵等使用电力或柴油机作为动力的配套设备。

3. 管道系统 其作用是将压力水输送并分配到田间，通常管道系统有干管和支管两级，在支管上安装喷头。管道系统还包括其他附件，如弯头、三通、接头、闸阀等。

4. 喷头 喷头是喷灌系统的专用部件，安装在支管竖管上，有的也可直接连接在支管上。

三、喷灌分类

1. 固定式喷灌 除喷头可拆卸外，整个喷灌系统整个季节甚至常年固定在田间，通常是将各级管道埋入地下，喷头安装在固定竖管上。其优点是：工程占地少，易于操作管理，生产效率高，便于实行机械化控制。但缺点也较为突出，其设备利用率较低，耗材多、投资大，不利于机械化耕作。其适用于浇水次数频繁，经济价值较高的作物。

2. 移动式喷灌 其各级部分都可进行拆卸，在一个灌溉季节中不同地块可轮流使用。优点是设备利用率高。缺点是设备拆卸、安装、搬用的强度较大，生产效率较低，设备易损度高，维修成本较大，同时不适用于高秆高密作物。

3. 半固定式喷灌 一般指泵站和干管不动，支管和喷头可以移动。其优点是投资相对较低，适用性广泛，几乎适用于所有的旱作物和土壤条件。

4. 机组式喷灌 喷灌机是将喷灌系统中有关部件组装成一体，组成可移动的机组进行作业。其组成一般是在手抬式或手推车拖拉机上安装一个或多个喷头、水泵、管道，以电动机或柴油机为动力进行喷洒灌溉的，其结构紧凑、机动灵活、机械利用率高、价格较低，能够一机多用，单位喷灌面积投资低。轻小型喷灌机是目前中国农村应用较为广泛的一种喷灌系统，特别适合田间渠道配套性好或水源分布广、取水点较多的地区。

5. 田间工程 移动式喷灌机在田间作业，需要在田间修建水渠和调节池以及相应的建筑物，将灌溉水从水源引到田间，以满足喷灌的要求。

四、喷灌技术应用发展趋势

喷灌是一种具有节水增产、接地、省工等优点的高效灌溉技术，是现代农业的标志和重要组成部分，同时喷灌还具有对土壤、地形、作物适应性强的特点。目前，喷灌的发展走向趋势如下：

1. 向低压、低耗能、高效方向发展 喷灌属于有压灌溉，其系统的能耗一般高于地面灌溉系统，致使灌溉成本提高，随着能源的紧张，发展低压喷灌成为一种趋势。

2. 利用清洁能源，利用太阳能和风能

3. 精准灌溉 根据农田中不同区域的水分、养分及作物生长状况，做到水、肥、药的精量控制。

4. 高利用率和搞生产效率 随着劳动力成本的增高，精准灌溉技术的发展，喷灌系统的发展越来越趋向于提高使用率、降低劳动强度、多目标喷洒、减少运行费用方面发展。

第六节 微灌技术

一、微灌技术原理

微灌是利用专门设备或自然加压，再通过系统末级毛管上的孔口或灌水器，将有压水流变成细小水流或水滴，直接输送到作物根区附近，均匀适量施与作物根部土层土壤的灌水方法。

二、微灌类型

1. 地表滴灌 是通过末级管道（称为毛管）上的灌水器，即滴头，将压力水以间断或连续的水流形式灌到作物根区附近土壤表面的灌水形式。

2. 地下滴灌 将水直接施到地表下的作物根区，其流量与地表滴灌相接近，可有效减少地表蒸发，是目前最为节水的一种灌水形式。

3. 微喷灌　是利用直接安装在毛管上或与毛管连接的灌水器，即微喷头，将压力水以喷洒状的形式喷洒在作物根区附近土壤表面的一种灌水形式，简称微喷。微喷灌还具有提高空气湿度，调节田间小气候的作用。但在某些情况下，例如草坪微喷灌，属于全面积灌溉，严格来讲，它不完全属于局部灌溉的范畴，而是一种小流量灌溉技术。

4. 涌泉灌　管道中的压力水通过灌水器，即涌水器，以小股水流或泉水的形式施到土壤表面的一种灌水形式。

三、微灌系统组成

典型的微灌系统通常由水源工程、首部枢纽、输配水管网和灌水器四部分组成。

1. 水源工程　江河、渠道、湖泊、水库、井、泉等均可作为微灌水源，但其水质需符合微灌要求。

2. 首部枢纽　包括水泵、动力机、肥料和化学药品注入设备、过滤设备、控制器、控制阀、进排气阀、压力流量量测仪表等。其作用是从水源取水增压并将其处理成符合微灌要求的水流输送到系统中去。

3. 输配水管网　输配水管网的作用是将首部枢纽处理过的水按照要求输送分配到每个灌水单元和灌水器，输配水管网包括干、支管和毛管三级管道。毛管是微灌系统的最末一级管道，其上安装或连接灌水器。

4. 灌水器　灌水器是直接施水的设备，是微灌中最为关键的部件，其作用是消减压力，将水流变为水滴或细流或喷洒状施入土壤，包括微喷头、滴头、涌水器、滴管带等多种形式。

四、微灌系统优点

微灌技术的最大特点是能够根据作物需水量和土壤特性，频繁小量供水，严格控制灌水量和土壤水分状况，可以非常方便地将水施灌到每一株植物附近的土壤，经常维持较低的水应力满足作物生长要求，比其他灌溉方式有明显的节水效果。微灌还具有以下诸多优点：

1. 省水 微灌按作物需水要求适时适量地灌水，仅湿润根区附近的土壤，因而显著减少了灌溉水损失，提高了水利用率。

2. 省工 微灌是管网供水，操作方便，劳动效率高，而且便于自动控制，因而可明显节省劳力；同时微灌是局部灌溉，大部分地表保持干燥，减少了杂草的生长，也就减少了用于除草的劳力和除草剂费用；肥料和药剂可通过微灌系统与灌溉水一起直接施到根系附近的土壤中，不需人工作业。

3. 节能 微灌灌水器的工作压力一般为 50～150 千帕，比喷灌低得多，又因微灌比地面灌省水，对提水灌溉来说意味着减少了能耗。

4. 灌水均匀 微灌系统能够做到有效地控制每个灌水器的出水流量，因而灌水均匀度高，一般可达 85％以上。

5. 增产 微灌能适时适量地向作物根区供水供肥，为作物根系活动层土壤创造良好的水、热、气、养分环境，因而可实现高产稳产，提高产品质量。

6. 对土壤和地形的适应性强 微灌采用压力管道将水输送到每棵作物的根部附近，可以在任何复杂的地形条件下有效工作。

但是，微灌系统投资一般要远高于地面灌；灌水器出口很小，易被水中的矿物质或有机物质堵塞，如果使用维护不当，会使整个系统无法正常工作，甚至报废。

五、微灌技术应用发展趋势

1. 家庭小型微灌系统越来越受到欢迎 利用水桶水箱作为水源，利用手压泵、脚踏泵等提供动力，简单方便实用，适宜控制面积较小的种植方式。

2. 地下滴灌的优势越为凸显 地下滴灌有着其他灌水方式无

法比拟的优点，可利用污水灌溉和没有地表滴灌带回收难和铺设难的问题，已成为地下滴灌迅速发展的主要原动力。

3. 微灌设备朝着系列化、安全化的方向发展　出于经济目的的限制，滴管带越来越薄，使用寿命较短，势必会对自然生态环境造成严重的污染问题。因此，设备的系列化、安全化成为以后微灌技术发展的主要方向。

第七节　抗旱节水制剂及应用

一、抗旱节水制剂的基本原理

抗旱节水制剂是节水农业技术中一项非常重要的辅助技术，它是利用现代化学技术提取、合成及生物技术手段研制成的制剂，具有操作简便、见效快、容易推广等优点，多年试验和生产实践证明，它们对土壤、作物的水分具有较好的调控作用，既可以单独应用，也可以与其他常规的节水技术结合应用，不仅可以抵御土壤缺水干旱的威胁，还可以促进作物自身生长发育，适应不良环境的影响。多种抗旱制剂结合应用效果会更好。常见的抗旱节水制剂有以下几种：

1. 保水剂　保水剂也称高吸水树脂，它的主要作用是当土壤水分充盈时吸收和蓄积水分、保持水分，当土壤水分缺乏时则释放水分供给作物使用。

2. 抗旱节水种衣剂　主要用于种子包衣处理，不同类型的种衣剂作用侧重点不同，有的包衣剂可以在种子周围富集水分，有的可以促进作物根系发育，还有的可以降低幼苗的水分蒸腾损失。

3. 蒸腾抑制剂　这类制剂主要通过调节作物叶片气孔的开合度，从而来降低水分蒸腾达到节水的目的。

4. 液态膜　主要通过乳化、改性、聚合等技术形成的一种高分子材料，利用有机高分子物质在水的参与下形成一种液态成膜物质，这种物质对水分有调节控制作用，主要作用是抑制作物和土壤水分蒸发和蒸腾损失。

目前农作物生产上应用较多的抗旱节水制剂有保水剂、蒸腾抑制剂、抗旱种衣剂，它们的应用原理是利用其本身对水分的调节控制机能，减少土壤水分蒸发，或抑制作物蒸腾，提高水分利用效率，增强作物抗旱能力，达到稳产丰产。

抗旱节水制剂适用于各类不同地区，对各种作物均有效，可根据不同气候环境、不同的生产需求，采取相应地使用方法，如拌种、浸种、包衣、灌根、喷施全株等均可，在一般情况下投入成本每亩土地在5～10元，且在大多数情况下对作物有一定的增产作用，因此在经济效益上还是比较合算的。

由于当前的抗旱节水制剂都是环保型的，不会污染环境，不会损害人体健康，有些复合种衣制剂虽含有某些农药，但大多属于低毒产品，为无公害农药，符合国家低毒标准。

二、抗旱节水制剂的种类与应用

目前在农业上应用的抗旱节水制剂种类主要有以下几类，它们作用的对象不同，主要作用也不尽相同，详见下表5-1。

表5-1　抗旱节水制剂一览表

名称	作用对象	侧重范围	主要作用	特定名称
抗旱节水生化制剂	种子	种子	提高种子出苗率	抗旱出苗剂
保水剂	种子、幼苗、土壤	幼苗	提高幼苗成活率	抗旱促活剂
土壤保墒剂	种子、幼苗、土壤、苗木	土壤	提高作物壮苗率	抗旱壮苗率
黄腐酸（FA）抗旱剂	种子、幼苗、植株、土壤	植株	提高植株抗旱能力	抗旱促长剂

以上这些制剂在应用对象、使用时期、使用方法上各有不同，各自有所侧重，因此在使用前需要首先明确每种制剂的特点及使用范围，然后根据自己的生产需要和目的，选择合适的抗旱制剂。如保水剂和抗旱种衣复合包衣剂主要在播种前对种子和幼苗进行拌种

和蘸根处理，以保证出苗、保苗的目的；土壤保墒剂和土壤改良剂主要用于播后和移植对土壤的处理，目的是保墒和增温壮苗；黄腐酸抗旱剂和其他蒸腾抑制剂主要作用于植株叶片，以达到抑制蒸腾、减少水分蒸发的目的。

第八节　蒸腾抑制剂及应用

一、蒸腾抑制剂的类型与原理

作物从土壤中吸收的水分有90%是由植株叶片或枝条的蒸腾作用而消耗掉，因此，对植株蒸腾作用的抑制可以减少作物体内水分的流失。蒸腾抑制剂主要有三类：①代谢型抗蒸腾剂，也称气孔关闭剂，这类制剂能使作物的气孔关闭或减少张开，这样就可以抑制蒸腾并参与作物代谢；②薄膜型抗蒸腾剂，这类制剂能在叶片上形成一层膜，封闭气孔，从而阻止水分从叶片上蒸腾出去；③反射性抗蒸腾剂，这类化合物对0.4～0.7微米的辐射有一定的选择反射能力，降低叶片温度，从而减少蒸腾作用。

蒸腾抑制剂的化学成分主要是黄腐酸（简称FA），它是利用我国丰富的风化煤资源，专门针对干旱和干热风而研制成功的一种新型抗旱剂，为我国首创。其分子量低，功能团更密集，有较强的生理活性。河南省科学院化学所、生物所与全国十多个单位协作首先研制成功了抗旱剂一号（FA），1982年通过鉴定。通过大量研究，证明其可以“有旱抗旱，无旱增产”。20世纪90年代继“抗旱剂一号”后，我国又研制了第二代黄腐酸抗旱剂——FA旱地龙。由中国农业科学院农业气象研究所负责指导全国的推广工作。到目前为止，已证实黄腐酸类抗旱剂在农业上具有改良土壤理化性状，提高农药、化肥效力，刺激作物生长发育，增强作物抗逆性等效果。

黄腐酸为棕黑色粉或片状，无特殊气味，溶于水，呈微酸性，不腐蚀皮肤和容器，不污染环境，运输安全。其主要作用机理为：

1. 控制气孔开合度，降低蒸腾强度　在作物遭遇干旱，处于需水临界期时，叶片喷施黄腐酸能明显引起气孔开度减小，降低蒸腾。有研究表明，在小麦上喷施黄腐酸 2 天后，小麦蒸腾强度在 7 天内低于未喷施的，9 天内的总耗水率减少 6.3%～13.7%，这说明叶片喷施黄腐酸对气孔开度和蒸腾的抑制作用非常明显。在玉米大喇叭口期喷施 0.1%的黄腐酸后，植株叶片气孔开合度平均为 1.8 微米，而未喷施的为 2.4 微米，而且在喷药 20 天内都有效。由于降低了叶片的蒸腾作用，所以减少了地下土壤水分的消耗。有资料显示，在玉米大喇叭口期喷施黄腐酸后，土壤 30 厘米耕层的含水量均高于对照。

2. 促进根系生长，提高根系活力 由于黄腐酸中活性基因的含量较高，对植物有较强的刺激作用，因此用黄腐酸拌种对作物根系有明显的促进作用，主要表现为根系发达、根密度大，总根重增加。试验表明，用黄腐酸处理后作物根系数量、总重都明显比未处理的有所提高。

3. 改善水分状况，提高抗旱能力 由于黄腐酸拌种对作物根系有明显的刺激作用，因此在干旱情况下，作物可以通过发达的根系吸收和利用土壤深层水分，作物体内的含水量高于未处理的，这样就增强了植株对干旱的抗逆能力。

4. 增加叶绿素含量，增强光合作用 作物在干旱情况下由于叶绿素含量下降，叶片发黄，叶片喷施黄腐酸后，叶绿素含量明显提高，这种效应一直会持续至生育中期，这对提高作物光合能力，积累干物质是非常有利的。

5. 促进物质转化，减轻后期灾害 以小麦为例，在成熟期小麦容易受到干热风的危害，喷施抗旱剂一号后可以大大促进干物质向穗部运转，从而减轻干热风的危害。有研究表明，玉米喷施黄腐酸后，籽粒灌浆速度明显加快；棉花喷施黄腐酸后，棉套现蕾吐絮提前。

二、蒸腾抑制剂的使用方法

以生产上应用较多的抗旱剂一号为例，抗旱剂一号（即黄腐酸）

外观棕黑色，无特殊气味，易溶于水，易被作物吸收。它含有羟基、酚羟基、醌基等多种活性基团，因此有很高的生理活性，对植株有较强的刺激作用，是一种新型的植株生理调节剂。它喷洒于植株叶片后可以在一定程度上缩小气孔还开张度，从而减少蒸腾好。

抗旱剂一号的使用最常见的有拌种和喷施，也可用于浸种和蘸根。

1. 拌种

（1）*用量*　以小麦、玉米、棉花为例，抗旱剂一号拌种用量为种子的 0.4%，用水量为种子的 10%，即种子：抗旱剂一号：水＝50 千克：200 克：5 千克。而对于稀植作物来说，如瓜类要减少药剂用量和用水量。

（2）*操作方法*　先将抗旱剂一号溶解在适量的清水中，再将药液均匀喷散在种子上，搅拌均匀，使种子都被药液染黑，然后闷种 2～4 小时后再播种。如果来不及播种，应及时将种子摊开，不要暴晒。在应用中要注意掌握药剂的浓度，浓度太低效果不好，浓度太高，会抑制出苗。若要与农药配施和拌种，要先拌农药后再拌抗旱剂一号，但不要与碱性农药混用。

2. 叶面喷施

（1）*用量及稀释方法*　棉花每亩用量 50～60 克，小麦及谷子等小粒作物每亩用量 40～50 克，对于玉米和甘薯则每亩用量 75～80 克，对于果树最好稀释 400 倍喷施。

（2）*喷施时期*　一般在作物对缺水干旱最为敏感的时期喷洒效果较明显。小麦、谷子在孕穗期喷施是最佳期，因为孕穗期水分不足对产量影响最大。玉米在大喇叭口时期，甘薯在薯块开始膨大期，瓜类则在果实膨大期，苹果则最好在花期、新梢旺长期、果实迅速膨大期和果实成熟期各喷施一次，共 4 次，极端干旱年份，分别在花期、新梢旺长期、新梢停长期、果实迅速膨大期和果实成熟期各喷施一次，共 5 次。

3. 注意事项

①抗旱剂一号无毒、无味、溶于水呈微酸性，不侵蚀皮肤和容

器，溶解时可用手揉搓，以加快溶解速度，或提前1～2天用适量水浸泡，用时加水稀释到施用浓度。

②控制每亩用量最高不超80克，最好用超低量喷雾器或弥雾机喷头加直径0.75毫米的弥雾片，使之喷施均匀分布于叶面，并尽可能使作物叶背面受药，小麦要保证旗叶和倒2叶受药，玉米应保证穗部上下3片叶受药。

③喷药时间以上午10时以前和下午4时后为佳，在花期和雨天不宜用药。

④水质（水的硬度）对抗旱剂一号的药效有很大影响，水中的钙、镁离子能与它凝聚成絮状物而沉淀，从而降低其效果。因此，配药时应尽量采用洁净的软水、河水或硬度较小些的井水。

⑤目前市场上黄腐酸商品制剂有固体、液体和膏状物等不同剂型，要根据内附说明按一定配比制成水溶液。

三、蒸腾抑制剂对旱地作物的应用技术与效果

1. 在冬小麦上的应用 黄腐酸不仅有抗蒸腾作用，还能促进根系发育、提高叶绿素含量和某些重要酶的活性以及对农药的协同作用。具体应用技术如下：

(1) *播种前用黄腐酸抗旱剂拌种* 这样对冬小麦出苗、越冬及早春返青生长、增加产量都有较好的作用。研究表明，用FA溶液对小麦种子拌种最优时间为30分钟，能够提高小麦的发芽率和促进小麦苗期生长。分析原因为黄腐酸能有效地促进种子内酶的活性，加速发芽过程中的生化反应，从而加快了幼苗的生长速度。

(2) *生长期用黄腐酸抗旱剂喷施* 喷洒时期一般选在小麦孕穗期为好，其次在灌浆期，喷施黄腐酸抗旱剂能有效增加结实小穗，增加千粒重，增加产量。

2. 在夏玉米上的应用 研究表明，在玉米拔节期（5～7片叶）叶面喷施黄腐酸，浓度不同，对夏玉米生长和产量的影响也不一样。具体表现如下：施用浓度为200毫克/升时能够明显促进植株

生长，但浓度≥500 毫克/升时会抑制植株生长；施用浓度 200～1 000毫克/升时能够促进夏玉米穗粒数增多，其中浓度为 200 毫克/升时促进作用明显，浓度≥500 毫克/升时促进作用有所降低；施用浓度为 200～1 000 毫克时均能够提高夏玉米的千粒重，但各浓度处理之间千粒重的差异不显著；施用浓度为 200～1 000 毫克/升时能够明显提高夏玉米产量，但该施用浓度范围内产量差异不显著，其中浓度为 200 毫克/升时增产效果最好。由以上试验结果可以看出，从玉米植株生长、产量性状、籽粒产量和经济效益角度多方面考虑，一般黄腐酸的适宜喷施浓度 200 毫克/升，该浓度处理下能够明显促进夏玉米植株生长，穗粒数和籽粒产量均达到最大，千粒重明显提高，最终增产率达到最高。

3. 在棉花上的应用　黄腐酸叶面喷施处理，在开花现蕾期喷施黄腐酸抗旱龙 1 次，在蕾铃期喷 1 次，稀释 750 倍液，均匀喷施棉花叶面和叶背，共喷施 2～4 次，黄腐酸用量 160 克/亩。

第九节　保水剂及应用

一、保水剂的类型

保水剂是化学节水材料的一种，它又称高吸水树脂、有机高分子化合物，它能迅速吸收比自身重数百倍甚至上千倍的去离子水、数十倍至近百倍的含盐水分，而且具有反复吸水功能，吸水后膨胀为水凝胶，可缓慢释放水分供作物吸收利用，从而增强土壤保水性，改良土壤结构，减少水的深层渗漏和抑制土壤养分流失，提高水分、养分利用效率。当土壤加入保水剂后，由于土壤吸水量大，储水量多，水土流失会大大减少，溶解的肥料元素也就很少流失，加上保水剂是高分子网状结构，具有大量亲水性基团，这些亲水性基团可以吸附肥料元素中的阴离子，并可吸收肥料中的极性基团、有机物及有机高分子肥料。这些肥料元素被吸收在吸水性混合土壤中，固定不会流失，能长期保存在土壤中，并且缓慢释放，随水分被植物吸收，使肥效大大提高，所以使用保水剂是调节土壤水、热、气平衡，改善土壤结构，提高土壤肥力和保持水土的一种有效手段。

1964 年，美国首先研制出保水剂并于 20 世纪 70 年代中期将其应用于玉米、大豆种子涂层、树苗移栽等方面。1974 年保水剂在美国实现了工业化生产。但日本随后重金购买了其专利，并在此基础上迅速赶上并超过了美国。我国的保水剂开发与应用研究开始于 80 年代初期，但发展速度较快。目前已有 40 多个单位进行研制和开发，一批新型的保水剂产品陆续问世。20 世纪末河北保定市科瀚树脂公司科技人员采用生物实验技术研制成功“科瀚 98”系列高效抗旱保水剂，该产品吸水倍率高，有颗粒型、凝胶型两种剂型。最近还研制生产出一种利于干旱无水条件下，保证植物成活的蓄水能力很强的、含水量高达 99.5%的透明胶状物质——“沙漠王”固体水（又叫干水）。另外，唐山博亚高效抗旱保水剂“永泰田”保水剂等新型保水剂产品也投入了工业化生产，陕西杨凌惠中科技开发公司也研制出吸水率达1 500倍的保水剂并投入批量生产。

保水剂产品的种类繁多，从原料方面分，有淀粉系（淀粉一聚丙烯酰胺型、淀粉一聚丙烯酸型、淀粉一聚丙烯腈接枝共聚物）、纤维素系（羧甲基纤维素型、纤维素型）、合成聚合物系（聚丙烯酸系、聚乙烯醇系、聚氧乙烯系、聚环氧乙烷系等）。目前应用的保水剂主要是高分子类聚合物。按高分子分类，可分为天然高分子类和合成高分子类，天然高分子类主要以淀粉系列为主，即用天然高分子原料与合成单体接枝共聚，合成高分子类主要以丙烯酸类和聚乙烯醇类为主，用合成单体经交联共聚制得。

二、保水剂的特性与作用机理

1. 保水剂的吸水、保水性 保水剂的吸水是由于高分子电解质的离子排斥所引起的分子扩张和网状结构引起阻碍分子的扩张相互作用所产生的结果。这种高分子化合物的分子链无限长的连接着，分子之间呈复杂的三维网状结构，使其具有一定的交联度。在其交联的网状结构上有许多亲水性官能团，当它与水接触时，其分子表面的亲水性官能团电离并与水分子结合成氢键，通过这种方式吸持大量的水分（图 5-1）。保水剂能吸收自身重量几十倍、几百倍甚至几千倍的去离子水，其吸水能力与其组成、结构、粒径大小、水中盐离子浓度及 pH 值有关。保水剂适宜应用的 pH 值范围一般为 5～9，pH 值过大或过小都可使其吸水能力下降。保水剂所吸收的水大部分是可被植物利用的自由水。保水剂的三维网状结构，使所吸水分被固定在网络空间内，吸水后保水剂变为水凝胶，其吸收的水分在自然条件下蒸发速度很慢，而且加压也不易离析。

保水剂同时具有线性和体型两种结构，由于链与链之间的轻度交联线性部分可自由伸缩，而体型结构却使之保持一定的强度，不能无限制地伸缩，因此，保水剂在水中只膨胀形成凝胶而不溶解。当凝胶中的水分释放完以后，只要分子链未被破坏，其吸水能力仍可恢复，再吸水时又膨胀，释水时收缩。因此保水剂具有反复吸水功能，即吸水—释水—干燥—再吸水。据室内测定，保水剂经过多次反复吸水，一般吸水倍数下降 50%～70%后而趋于稳定。保水剂的有效持续性与其本身性质、土质及用量有关。

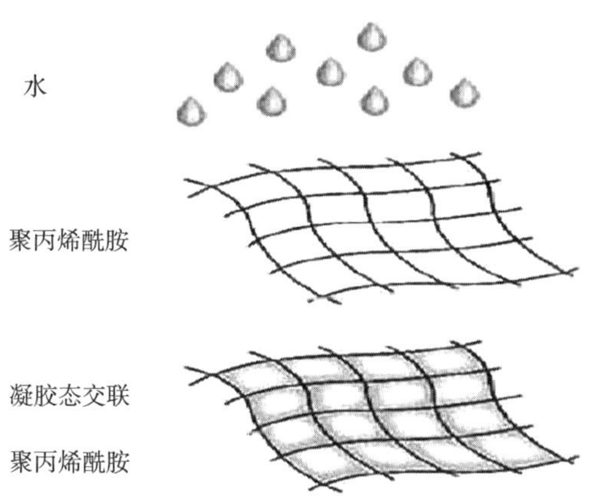

图 5-1　保水剂分子结构及吸水示意图

2. 保水剂的保肥性　保水剂应用于土壤，不但能起到保水、保土作用，还能起到保肥作用。研究表明，水剂表面分子有吸附、离子交换作用，保水剂对 K^+、NH_4^+ 和 NO_3^- 有较强的吸附作用，从而降低了其流失量，并且在一定的范围内随着保水剂用量的增加，养分流失量减少。一方面，在土壤中的养分较充分时，它吸附养分，起保蓄作用；另一方面，当植物生长需要土壤供给养分时，保水剂将其吸附的养分通过交换作用供给植物。由此可以看出，通过施用土壤保水剂，使土壤中养分的供给与植物对养分的需求更加同步。保水剂能大幅度提高土壤持水量，同时对提高肥料利用率有一定的作用。国内外学者对保水剂的保肥作用进行了大量的研究。结果表明，在不同土壤中加入保水剂可增加对肥料的吸附作用，减少肥料的淋失。保水剂对氨态氮有明显的吸附作用。田间试验证明，保水剂与氮肥或氮磷肥配合使用，吸氮量和氮肥利用率分别提高 18.27% 和 27.06。保水剂与氮磷肥混施时，磷肥利用率从 16.49%提高到 20.91。保水剂还可抑制土壤容易的盐分累积。

但需注意的是，盐分、电解质肥料能剧烈降低保水剂的吸水性，有些肥料元素会使保水剂失去亲水性，降低保水能力。研究表明，电解质肥料如硝酸铵等一些速效肥料可以降低保水剂的效果，最好施用缓释肥，而尿素属于非电解质肥料，使用尿素时保水剂的保水保肥作用都能得到充分发挥，是水肥耦合的最佳选择。保水剂不能与锌、锰、镁等二价金属元素的肥料混用，可与硼、钼、钾、氮肥混用。保水剂的保水效果还与土壤质地有关，特别对粗质地的土壤保水效果最好。

3. 保水剂可以改善土壤结构，提高土壤吸水、保水能力 保水剂施入土壤中，随着它吸水膨胀和失水收缩的规律性变化，可使周围土壤由紧实变为疏松，孔隙增大，从而在一定程度上使土壤的通透状况得到改善。试验表明，保水剂对土壤团粒结构的形成有促进作用，特别是可使土壤中 0.5～5 毫米粒径的团粒结构增加显著。同时，随着土壤保水剂含量的增加，土壤中大于 1 毫米的大团聚体胶结状态较多，这对稳定土壤结构，改善通透性，防止表土结皮，减少土面蒸发有重要作用。因此，保水剂不但是一种吸水剂，它也是一种新型的土壤改良剂。保水剂在土壤中吸水膨胀，把分散的土壤颗粒黏结成团块状，可对调节土壤固、液、气三相平衡，提高土壤总孔隙度，改善其通透性，调节土壤中的水、气、热状况，给作物生长创造了一个良好的环境有重要作用。

土壤的水分蒸发是农田土壤水分损失的主要原因，研究表明，保水剂加入土壤中可以减少水分的无效蒸发。

4. 保水剂的安全性　保水剂的水溶液呈弱酸性或弱碱性，无刺激性。经大量动物试验和农业试验证明：用于食品、医药卫生等方面的保水剂安全无毒，用于农林业方面的保水剂不会改变土壤的酸碱度。

5. 保水剂对土壤有一定的保温性　所吸水分分散在保水剂内部，该部分水分可保持部分白天光照产生的热能，从而调节夜间温度，使土壤的昼夜温差减小，有利于植物生长。

三、保水剂的使用方法

1. 种子包衣　用保水剂水凝胶进行拌种，在种子表面形成一层保水剂水凝胶的保护膜，或将保水剂与微量元素、化肥、农药等混合制成种子包衣的方法，可大大减少保水剂的施用量，提高出苗率，并可获得显著的增产效果。实践证明，这是一种非常行之有效的方法。具体制作方法有以下两种：

（1）按保水剂重量百分比浓度配制　例如，保水剂与水的重量之比为1∶99，也就是1千克保水剂加水99千克，这样配制的浓度就是1%，通常作物种子的保水剂拌种浓度为0.5%～2%。

（2）按种子重量配制　针对不同的作物，不同的种子重量，使用一定重量的保水剂。通常按种子∶保水剂∶水＝100∶1∶50～200配比，也就是在25～100千克水中加入0.5千克保水剂，用于50千克种子拌种。具体配制方法为：先称好一定重量的保水剂，然后放入事先称好的一定量的水中，均匀搅拌使之全部溶于水形成凝胶状，再将一定会比例的种子全部浸入，充分混合并放一段时间，然后捞出放在在地上进行摊晾，等种子表面形成一层薄膜包衣后即可。对于一些籽粒较小的种子有时会形成团块，要用手搓开，以利播种。

2. 施入土壤

（1）*地表撒施* 每亩用保水剂7～10千克直接撒于地表，这样就在地表面形成一层保水膜，从而抑制土壤水分蒸发。由于保水剂价格较高，这种方法不适于大田应用，而主要用于盆栽试验及小区试验，也可用于经济效益较高的珍贵植物。

（2）*穴施和沟施* 随开沟或挖穴施入，主要用于移栽。也可以在播种时随种子一起施入土壤。

3. 施入育苗基质 在进行一些作物幼苗培育时，可以在基质中加入保水剂，保水效果明显。

四、保水剂在不同作物上的应用效果

1. 棉花 用保水剂预处理棉种，不管在任何质地的土壤中，土壤含水率只要在棉种萌发最低含水率之间（7.44%～13.5%），都可促进棉种萌发，处理比对照早出苗2～3天。棉花产量比对照平均高11%～21%。试验证明，采用江西九江旱克星土壤保水剂掺细土（1∶30）根部5厘米穴施，随后点播棉花种子，每穴3～5粒，棉花产量有大幅度的提高，其中用保水剂2千克/亩，可提高产量48.10%，与其他保水剂处理比较，达到显著水平（$P<0.05$）。随着保水剂施用量的增加，棉花产量有所提高，但在施用量超过2千克/亩时，产量呈下降趋势，因此，施用时需注意施用量。

2. 小麦 保水剂试验用量范围内能使冬小麦提前出苗1～4天，出苗率提高10%～30%，延迟作物凋萎3天和延长作物枯萎出现的时间1～5天，小麦增产18.8%。

3. 果树 土壤保水剂改善了旱地果园土壤水分的条件，不同程度地提高了土壤中肥料，特别是微量元素肥料在土壤中的溶解和果树根系的吸收，从而促进了树体的生殖生长和营养生长，保水剂处理的果实体积明显高于对照，果实体积增长幅度达5.6%；保水剂处理的果实生长速率也高于对照，提高幅度为1.7%～29.6%；

保水剂处理的产量较对照产量提高 8.0%。

4. 玉米　保水剂对玉米的生长有明显的促进作用，主要表现为：①玉米苗期施用保水剂，可以促进玉米苗期的生长发育；②施用保水剂的各处理出现萎蔫的时间均比对照延迟；③施用保水剂的各处理，玉米根系的生长显著提高；④施用保水剂可以促进植株地上部的生长，生物量均较对照有明显增加，株高各处理平均比对照高 13 厘米，茎粗增加了 22%，光合作用叶面积是对照的 1.79 倍，使玉米光合能力得到了加强。

5. 马铃薯　施用保水剂能提高马铃薯的产量和商品薯率，其中对商品薯率的效果显著。施用的时间和方式以苗期穴施为宜，施用量以亩用量 2 千克最佳，其产量和商品薯率分别比对照高出 5.26%～27.30%，204.46%～237.50%。保水剂能增加土壤团聚体结构，利于地下匍匐茎的生长发育，同时保水剂具有快速吸水、保水、缓慢释水的特性，把苗期土壤中多余的水分吸收并保持起来，既为苗期的生长提供了适宜的土壤水环境，又为后期的需水关键期储存了必要的水分。

五、注意事项

①保水剂不是造水剂，不是万能的，不能认为使用了保水剂就不需要灌水，或加大保水剂施用量就能大量保存土壤水分。保水剂必须具备一定水分条件才能充分发挥其保水作用，从而达到节水增产的效果。施用保水剂要因地制宜。保水剂最适宜在年降水不超过 400 毫米干旱或季节性干旱的地区使用。年降水 250 毫米以下且无浇水条件的干旱地区就不宜使用。在灌溉保证率高的地区，施用保水剂拌种的效果在灌水量较大的情况下增产效果明显，在灌溉条件较差的地区应慎用，特别是保水剂与土壤混施，在土壤极度干旱的情况下可能会发生保水剂与作物争水的现象。旱作物无浇水地区应在雨季前使用，含盐较高地区（尤其是水质硬度较高），保水剂的吸水能力会明显下降。施用保水剂的节水增产效果只有在一定的土壤水分条件下才能实现。另外，保水剂的保水效果还受到保水剂的

施用方式的制约。保水剂是一种高科技产品，要有一定的经济投入。从保水剂的施用方法上来看，拌种处理保水剂用量较少，但对土壤水分的贡献不大，而沟施处理可大幅度提高土壤含水率，但成本相对较高，还应视当地水价、种植结构进行经济上的比较分析。另外，在玉米、小麦等传统作物上应用该产品，由于粮食价格较低，增收效益可能不明显，如在附加值较高的种植业，如花卉、蔬菜、瓜果生产中应用，经济效益应该更好。

②保水剂的使用寿命在 2 年左右，保水剂保管中要注意防潮、防晒。保水剂的吸水倍率通常 300 以上，它能吸收空气中的水分，随着放置时间的增加，在包装物内结块，给使用造成不便，但保水剂吸潮不影响其品质。保水剂遇强紫外线照射会很快降解，严重影响其寿命、效果。因此，运输、储藏过程中应尽量避免长时间日光照射。

③保水剂因原料和合成方法的不同，其性能各有差别。各种保水剂虽具一定的广谱性，但并不能任意使用。选择保水剂，首先要保证其安全性，不能对植物及土壤造成危害。农、林业一般宜选用钾盐和胺盐类的保水剂，如选用聚丙烯酸盐，特别是聚丙烯酸钠类的保水剂会造成土壤板结、盐渍化。再如，对施用于土壤和用于蓄纳雨水的目的，可选用颗粒状、凝胶强度高的保水剂；而用于苗木蘸根、移栽、拌种等以提高树木成活率为目的的，就可选用粉状、凝胶强度不一定很高的保水剂，以降低成本。

第十节　抗旱节水种衣剂及应用

一、抗旱节水种衣剂的类型与作用机理

抗旱节水种衣剂是以突出抗旱节水为主要目的的一项多功能的抗旱保苗复合制剂，是目前处理种子的一项最重要的技术，它汇集了防旱抗旱技术、农药杀虫剂、杀菌剂技术、常、微肥技术以及植物生长调节剂技术，从而具有了多功能，如抗旱节水、种子杀菌消毒、防病防虫、壮苗早发、增效缓释及促进生长发育和增加产量

等，具有用量低，效果好的特点。

目前的抗旱节水种衣剂主要有两种类型，一种是具有物理保水性能的抗旱种衣剂，它采用高吸水树脂为原料，这种原料吸入水分后，就会变成一种凝胶状物质，这种物质包在种子表层，来达到保水抗旱的目的，如以保水剂为主要成分制成的种衣剂，其作用原理主要利用了保水剂的吸水保水原理，这在上一节中已有介绍，在此不再详述。另一种是具有生理抗旱性能的抗旱种衣剂，生理型抗旱种衣剂的主要成分有植物生长调节剂、杀菌剂、杀虫剂等，它的作用原理首先是通过利用种衣剂中所含有杀菌剂、杀虫剂使真菌、地下害虫不侵害种子，在短时间干旱的情况下，延长了种子在土壤中的存活时间，当水分充足时，种子仍会正常出芽。其次，是在种子出芽后。种衣剂中的植物生长调节剂可以帮助作物抗旱。使用了种衣剂的种子，在生长调节剂的作用下，加快了根部细胞分裂、延长，使作物及早生根，发达的根系可以使作物即使在干旱的情况下，也能从更深土层中吸收更多的水分，利于自身生长发育。在作物生长中期，种衣剂不仅仅刺激根系发育，作物出芽后，它还可以帮助抵御干旱。同样是因为生长调节剂的作用，它可以刺激作物脱落酸的产生，脱落酸是一种植物激素，在干旱情况发生时，脱落酸最先感应到，它就像一个信使那样，立刻携带着这种干旱信息从根部传递到地上部，叶片得到干旱信息后，气孔缩小，从而减少了作物蒸腾损失，有效抵御干旱。

抗旱节水种衣剂主要作用机理有以下几点：

1. 富集水分　抗旱节水种衣剂主要物质为保水剂，因此具有较强的吸水能力，高度的保水力，成膜包衣种子播于地下后，能吸收周围土壤水分，以供种子发芽出苗所用，作物水分利用率提高7%～30%，作物提前2～3天出苗，出苗率提高15%，这对旱地播种具有重要意义。

2. 刺激种子萌发、促进根系发育、促进作物生长　抗旱节水种衣剂中含有植物生长调节物质，可以促进种子萌发，促进根系发育，幼苗根系长度一般较未施的长10%以上，而且由于种衣剂中还有一些微量元素，植株生长会更加茁长。

3. 缓释增效 种衣剂中有少量杀虫剂和杀菌剂，在土壤中可以防止种子发病，保证出苗，即使出苗后仍可以发挥保护作物的作用，从而使有效期长达40～60天。

二、抗旱节水种衣剂的使用方法与效果

1. 抗旱节水种衣剂的使用方法

（1）人工包衣法 当种子数量不是太多时，可采用人工方法进行包衣。

用抗旱节水种衣剂拌种时，一般按种衣剂与种子1∶50的比例使用，即1千克种衣剂，50千克种子。使用前要注意在通风良好的室内或户外进行操作。下面就以棉花种子为例，介绍两种人工包衣方法。

在使用抗旱节水种衣剂的时候，要注意穿好防护衣物，带帽子、口罩、手套，防止药剂接触到皮肤、眼睛，并且禁止吸烟、吃东西。

①铁锅或大盆包衣法。首先把铁锅或大盆清洗干净，然后晾干或者擦干，使其保持清洁干燥。将大盆放好，称量出5千克棉花种子，把称量好的种子倒入盆内，然后打开抗旱节水种衣剂的瓶盖，将一瓶100克的抗旱种衣剂迅速倒入盛放种子的大盆中，倒完之后，用铁锹不断地快速翻动、搅拌，直到看到所有的种子周围都包有绿色的种衣剂，就表明已经包衣均匀了。拌匀后的种子不需要晾晒，取出直接装袋阴干备用。如果要过一段时间使用，则要把种子放在阴凉通风处，防止受潮。

②塑料袋包衣法。在种子量较少时，使用塑料袋包衣即可，种衣剂和种子仍然按照1∶50的比例混合使用。首先把适量的种子倒入塑料袋内，再迅速倒入种衣剂，然后扎上袋口，用双手快速晃动袋子，使种子和种衣剂充分混合，大约1分钟后，可以看到所有的种子都变成了绿色，说明包衣均匀，拌匀后将种子倒出留作种用。

（2）机械包衣 可以用简单的小型包衣机进行包衣。首先，把

种子倒入包衣机内，然后启动电源，在包衣机旋转的时候，倒入种衣剂，还是按照药与种子1∶50的比例，这次要缓缓、均匀地倒入，让种衣剂与种子随着包衣机的转动充分混合。大约2分钟后，所有种子都变成绿色，说明包衣均匀。把包好衣的种子倒入袋中，放置在阴凉通风处留作种用。

（3）*储存方法*　抗旱节水种衣剂要包装储存于干燥、阴凉、通风处，处理后的种子禁止人畜使用，也不要与未处理的种子混合或一起存放，远离食物与饲料，避免儿童、家畜等接触。所有接触过的器具使用后均应仔细清洗。如果不慎溅入眼中，应立即用大量清水冲洗。因不小心或使用不当引起中毒，应立即携带抗旱种衣剂的标签就医，医生会对症处理。

包衣种子播种方法与普通种子相同。

2. 抗旱节水种衣剂的使用效果　抗旱节水种衣剂适用范围广，可用于谷类作物如玉米、小麦、高粱、水稻、大麦、燕麦等；牧草如苜蓿、羊草等所有牧草；经济作物如棉花、花生等；蔬菜如瓜类蔬菜、茄科类蔬菜、甘蓝类蔬菜、豆类蔬菜等。抗旱节水种衣剂适用的地区很广，即便在非干旱的地区也可以使用，可以提高养分的利用效率，防治农作物病虫害。

（1）*对种子萌发的影响*　利用以保水剂为节水抗旱主要成分的抗旱节水种衣剂拌种后，在种子表面形成一层比较牢固的薄膜，播于土壤中后，种衣剂会在种子周围富集水分。山西寿阳试验地的结果表明，种衣剂处理的种子，即便由于干旱不能发芽，种子也不腐烂，当土壤湿度适宜发芽时，种子依旧能萌发，而且使用过种衣剂的作物根系发达，吸收养分充足。在干旱情况下，出苗率仍然达到85%。没使用种衣剂的出苗率仅为42%。通过实验田与普通玉米对照试验，它对作物的病害如黑粉病、丝黑穗病等防治效果达到95%以上。研究表明，玉米使用抗旱种衣剂进行包衣后播种，在土壤水分仅为12%的条件下，出苗时间会提前2～3天，出苗率提高13%～20%，大量数据证明，抗旱节水种衣剂在保持种子活力，对抗逆境等方面具有很好的效果。

（2）对作物根系发育的影响　通过对不同棉花品种的种子用腐殖酸型抗旱节水种衣剂和普通种衣剂及不包衣进行处理，观察它们苗期根系发育时主根、侧根的数量以及株高时发现，采用抗旱节水种衣剂包衣的种子的主根长，次生根数量和长度及鲜重均多于用普通种衣剂处理和未处理的种子。

（3）对作物产量的影响　全国多地不同作物应用抗旱节水种衣剂试验结果表明，用抗旱节水种衣剂处理的作物出苗快，作物根系发达，提高了作物对水分和养分的利用效率，刺激了作物生长，增强了抗旱能力。抗旱节水种衣剂的增产效果见表5-2。

表5-2　抗旱节水种衣剂增产效果

作物	对照（千克/亩）	种衣剂处理（千克/亩）	产量提高幅度（%）
小麦	449	508.72	13.3
玉米	481	525.25	9.2
谷子	273	447.72	64

从表中可以看出，种衣处理的作物均有不同程度的增产，其中谷子增产最为显著，幅度也最大，其次为小麦和玉米。

在农业种植中要达到抗旱高产，高效增收，就必须依靠综合的科学技术，根据不同的地理气候环境确定较为先进的栽培、耕作、排灌、施肥、施药技术。抗旱制剂的应用能根据作物的生理需要在水肥使用上精打细算，将保水剂、抗蒸腾剂、抗旱种子包衣剂、有机肥、化肥、农药、微量元素、降雨、灌溉等有机结合起来，根据植物不同生育时期的需要进行科学合理的混施，实践证明会起到很好的增产效果。

第六章 棉花节水关键栽培技术

第一节 我国棉花生产概况

棉花是关系国计民生的重要经济作物，在整个国民经济发展中占有十分重要的地位。发展棉花生产，搞好棉副产品的综合开发利用，不仅与纺织工业密切相关，而且还能为其他工业部门提供生产原料。棉纤维还具有化学纤维不具备的优异特性，如吸湿性强、透气性好、保暖、易染色等，使得棉纤维产品性能日趋完善，备受消费者的青睐。

我国是棉花产量居世界首位的生产大国，棉花种植带大致分布在北纬 18°～46°，东经 76°～124°之间，气温≥10℃，产棉省份 23 个，其中以新疆、河南、河北、山东、安徽、江苏、湖北等 7 省份的植棉面积较大。依据生态气候条件，结合棉花生产特点，从区域上划分，主要有三大产棉区域，即新疆棉区、黄河流域棉区、长江流域棉区。

一、新疆棉区

新疆棉区主要包括新疆维吾尔自治区和甘肃省的河西走廊地区，棉花种植面积和产量均居全国第一位。该区日照充足，光热资源丰富，气候干旱，雨量稀少，昼夜温差大，利用雪水人工灌溉，属灌溉棉区。新疆是我国唯一的长绒棉产区，棉纤维品质优良，耕作制度为一年一熟，棉田集中，种植规模大，机械化程度较高。棉花单产水平高，原棉色泽好，“三丝”含量相对于其他棉区低。

二、黄河流域棉区

黄河流域棉区是我国植棉面积较大的棉区，本区属暖温带半湿润季风气候区，棉花生长期间（4～8 月）平均温度 19～22℃，水资源比较丰富，年降水量 600～1 000 毫米，土壤肥沃，是我国重要的商品棉生产基地。棉区主要位于秦岭淮河以北、长城以南，包括河北中南部、山东、河南中北部、晋南、关中、陇南、苏皖的淮北地区、北京、天津，其中以黄淮海平原种植最集中。其中，山东省、河北省和河南省是我国的三大产棉大省。黄河流域棉区是我国传统棉花生产区，该区热量充足，无霜期 190～220 天，日照优于长江流域棉区。但由于初夏多旱、伏雨集中，年季间降水变幅大，有些年份 8、9 月甚至出现连续阴雨低温寡照天气，导致蕾铃脱落严重、烂铃多，这些因素会对该区棉花产量和品质产生一定的影响。

三、长江流域棉区

长江流域棉区是我国的第三大棉区，地处中亚热带和北亚热带湿润季风气候区。4～8 月平均温度 21～24℃，年降水量 1 000～1 600 毫米，热量条件较好，生长季节长，雨水充沛。该棉区主要分布在北起秦岭淮河一线，向南直至南岭，自西往东由川西高原东麓直至海滨，包括浙江、上海、江西、湖南、湖北以及苏皖的淮河以南部分、四川盆地、河南南部。该区在每年 6、7 月正值梅雨季节，且秋季经常出现连阴雨，光照不足，棉铃吐絮不畅，烂铃增加，影响棉花产量和品质。

第二节　播种与田间管理

一、播种

（一）棉田茬口选择

棉花不耐连作，多年连作的棉田，土壤中会积累大量的病原菌。在往年发病较重的地块要与禾谷类作物轮作，间隔年限要达到3年以上，特别是水旱轮作，能大量地减少和消灭土壤内的病原菌，从而减轻病害。棉花良好的前茬作物有小麦、玉米、谷子等。

（二）种子准备

高质量的种子是培育壮苗的基础。播种前必须精选种子，剔除烂籽、病虫籽、杂籽和瘪籽，提高种子质量，有利于出苗快、出苗齐、苗壮病轻。

（三）种子处理

1. 晒种　播前选择晴天将棉种连续暴晒2～3天，种子要摊晒在棚架或苇席上，经常翻动，晒到手摇种子发响为止，既可杀死种子上所带的病原菌，又能促进种子后熟，提高种子发芽势和发芽率，增强棉苗抗病力。

2. 硫酸脱绒　利用硫酸释放的大量热能及腐蚀作用，杀死种皮内外细菌，减少初浸染源，而且光子能够加速吸水，易实现壮苗早发，从而减少发病机会。

3. 药剂拌种　药剂拌种是防治棉花苗期病害的一项简便易行的有效措施，它既能杀灭种子上的病原菌，又能使棉种在播种后免受土壤中病原菌的侵害。棉花常用的拌种剂有甲基立枯磷、稻脚青、多菌灵、拌种灵等，对防治苗期病害有一定的效果。

4. 种衣剂处理　在种子表面包上一层含有杀菌剂、杀虫剂、生长调节剂、微肥等的包衣，不仅能防病治虫，还能起到壮苗增产的作用。

（四）适期播种

早播由于气温和土壤温度偏低，出苗慢，有利于病原菌侵入；迟播有利于减轻苗病，但生育期推迟，减少了棉花有效生长结铃期，影响产量和品质。决定播期的主要因素是温度，一般以5厘米地温稳定在14℃时，抓住“冷尾暖头”播种为宜。

二、田间管理

1. 苗期管理　棉花苗期是指从出苗至现蕾，约35～45天。棉花苗期长根、长茎、长叶，以增长营养体为主，为营养生长期，但已开始花芽分化。管理的关键在于壮根保苗，壮苗先壮根，壮根苗早发。只有根系长得深而广，才能促进壮苗早发，早现蕾、早开花、早结桃。

（1）*查苗补苗，确保全苗*　播后及时检查，发现漏播要及时补种。出苗之前发现烂芽烂籽，应立即催芽补种。棉苗现行后根据缺苗多少和苗的大小，采用不同的补救措施。未出真叶、苗龄在 7 天以内的棉苗，采用芽苗移栽的方法；棉苗出现真叶后，则应采取带土移栽，浇水适量，避免棉苗周围土壤板结，缩短缓苗时间。如果棉苗长大后再缺苗，可采取定苗时留双棵或利用叶枝的办法来弥补。

（2）*及时间苗，适时定苗*　棉花播种量大，出苗后棉苗拥挤，要及时间苗、适时定苗，以免形成高脚细弱苗和大小苗。间苗一般分两次进行，第一次在齐苗后，留壮苗，拔虫苗、病苗、弱苗、过大苗及无头苗，做到叶不搭叶；第二次在 1～2 片真叶时进行，留苗为要求密度的 1～2 倍。3～4 片真叶时一次性定苗。病虫害严重的地块或盐碱地，可以适当推迟。

（3）*中耕除草，增温促苗*　棉花苗期中耕可以提高地温促进根系发育，减轻病虫危害，并有防治杂草、破除土壤板结的效果。苗期一般中耕 2～4 次，耕深一般不超过 10 厘米，掌握先浅后深、株旁浅、行间深的原则。

（4）*肥水管理*　苗期追肥应根据苗情地情，早施、轻施或不施。对底肥少，地薄苗瘦的棉田要多追一些；对底肥多，地肥苗壮的实行偏施肥，只追弱苗，促使小苗赶大苗。苗期一般不需要浇水，如果底墒不足、春旱严重，则应隔行开沟浇小水，切忌大水漫灌，浇后及时中耕松土保墒，改善土壤通气状况，提高地温。

（5）*病虫害防治*　棉花苗期生长柔嫩，抵抗力弱，遇到低温、多湿时很容易发生病虫危害。本着“预防为主，防治并举”的植保方针，运用科学的防治方法，降低成本，提高防效，促进壮苗早发，为夺取棉花高产丰收奠定基础。

棉花苗期发生的主要病害有立枯病、炭疽病、红腐病、黑斑病、茎枯病、褐斑病等，危害棉苗的根茎叶，造成弱苗晚发和缺苗断垄。防治的主要措施是选用硫酸脱绒药剂包衣的优良品种；及时中耕、勤中耕、深中耕，提高地温，改善土壤环境，促进棉苗发育，增强抗病能力，抑制苗病的发生与发展。

棉花苗期虫害主要有棉蚜、棉叶螨、蓟马等，做好预测预报和田间虫情调查，参照虫害防治指标，抓住治虫关键期，及时准确用药，把虫害降到最低。防治指标为：棉蚜 3 叶前卷叶株率达 5%，3 叶后达 30%；棉叶螨红叶株率达 20%；蓟马百株虫量达 30 头。

2. 蕾期管理　棉花从现蕾到开花的这段时间称为蕾期。棉花蕾期的长短因品种、生态气候条件和栽培管理措施不同而有所差异，一般为 25～30 天。蕾期棉花进入营养生长与生殖生长并进时期，在管理上既要促进营养生长，搭好丰产架子，早现蕾，早开花，为增蕾保铃创造良好条件，又要适当控制枝叶的生长，防止棉株徒长，促控结合，使营养生长和生殖生长协调发展。

（1）早揭膜，中耕松土　地膜的主要作用是在棉花苗期提高地温、抑制杂草，促使棉花全苗、壮苗的一项栽培措施。棉花进入蕾期，在 6 月中下旬及时揭除地膜，促进棉花根系下扎，增强棉株抗旱能力。蕾期中耕除能起到消灭杂草，抗旱保墒，疏松土壤，促进根系生长等作用外，对长势偏旺、有疯长趋向的棉田，还有控制营养生长，促进生殖生长的作用。中耕深度以 8～10 厘米较为适宜，对有徒长趋势的棉田，中耕深度可增加到 10 厘米以上，以截断部分侧根，减少根群数量，控制茎叶生长。

（2）及早整枝　棉花蕾期整枝是指去叶枝，脱裤腿，抹赘芽等。去叶枝宜早不宜迟，在能清楚准确分辨果枝与叶枝时，第一时间去除叶枝，避免养分无谓消耗，叶枝木质化后去除，容易损伤主茎韧皮部，费力费工。脱裤腿、抹赘芽不仅能减少养分无谓损耗，还能起到稳长增蕾的作用。脱裤腿时保留第一果枝下的 2 片主茎叶，以保证棉花正常生育生长。棉株主茎和果枝的叶腋里时常会长出一些芽，既无谓消耗养分，又影响通风透光，生产上对赘芽应做到随长随抹，力求及时彻底。

（3）灌水施肥　蕾期棉田的水肥条件状况直接影响棉株的生长发育。肥水不足，营养生长减弱，搭不起丰产架子，生殖生长也会受到抑制，不利于保蕾增蕾。肥水过多，会导致棉株徒长，造成落蕾，影响成铃数量。所以，生产上应依据土壤肥力状况、墒情、棉田长势等合理制定灌水施肥措施。正常年份，蕾期一般不灌水施肥。针对个别土壤肥力差、棉株长势弱的棉田，可小水灌溉，灌溉前适当追肥。灌水后及时中耕保墒。

（4）化控　化控必须与气候条件、水肥状况、棉田长势、棉花品种等紧密结合，掌握少量多次的原则，每亩地用药量在 0.2～1.5 克不等，协调好棉株地上生长与地下生长之间的关系，保持棉株稳健生长，塑造理想株型。

（5）病虫害防治　枯萎病是棉花蕾期的主要病害。加强棉田管理，以农业防治为主，必要时配以化学药剂综合防治。蚜虫、红蜘蛛、盲蝽、棉铃虫等害虫是棉花蕾期的主要虫害。蕾期害虫为害是造成落蕾的主要原因。生产上需加强虫情调查、预测预报，采用点片法防治，合理用药，保护天敌，控制虫害。

3. 花铃期管理　棉花花铃期是指从开花至吐絮，约 50～60 天。花铃期棉株逐渐由营养生长与生殖生长并进，转向以生殖生长为主，长根、茎、叶、枝的同时现蕾、开花、结铃，是决定棉花产量和品质的关键时期。

（1）肥水管理　花铃期是棉花一生中肥水需求的关键时期，是需水需肥最多的时期，约占整个生育期的 70%左右，此期水肥亏缺对棉花生产发育的影响尤为明显，严重影响棉花的产量和品质。花铃期依据棉田长势及时进行水肥调控，遇旱及时浇水，重施花铃肥，一般每亩追施尿素 15 千克、磷肥 5 千克、钾肥 10 千克。进入雨季后，注意及时排水，以免雨后棉田积水，影响根系活动，导致蕾铃脱落。

（2）中耕培土　棉田由于降雨、灌溉、追肥、治虫等一系列田间管理措施，土壤板结严重，透气性差，需在棉花封垄前进行中耕培土，以利于灌溉、排涝、防倒伏。

（3）精细整枝　花铃期需进行精细整枝，主要包括打顶，抹赘芽、疯杈，打边心、老叶等。打顶是棉花整枝技术中的关键措施。依据土壤地力、栽培方式、品种特性等确定适宜打顶时间，一般在7月中下旬，单株留果枝13～16个，做到“枝到不等时，时到不等枝”。主茎、果枝叶腋处赘芽、疯杈应及时抹掉，以免无谓消耗养分，影响棉株的正常生长发育。土壤地力差、棉株长势弱的棉田，田间通风透光性好，可以不打边心、老叶。土壤水肥条件好、棉株长势强的棉田，需分次打去边心，以保证上部果枝有3个左右的果节，并由下向上分期打去主茎老叶，以改善通风透光条件。

（4）化控　花铃期需依据棉田长势、降雨、灌溉施肥等情况进行全程化控，以协调棉株地上与地下部分的生长，棉花个体与群体之间的关系，建立高质量的高产群体结构。化控用药量掌握前轻后重、少量多次的原则，每亩用量1.0～7.0克，实现增铃保铃、增产稳产。

（5）病虫害防治　黄萎病和铃病是棉花花铃期的主要病害，应根据天气条件及棉株长势情况，选择黄腐酸盐、甲基托布津、代森锰锌等药剂进行防治。蚜虫、盲蝽、棉铃虫等害虫是棉花花铃期的主要虫害。依据病虫测报及时采取生物、物理、化学方法进行综合防治。在害虫孵化高峰期选择复配农药进行化学药剂防治，伏蚜、盲蝽、棉铃虫同时防治，减轻危害。

4. 吐絮期管理　棉花吐絮期是指从吐絮到收花结束，约70～80天。吐絮期棉花营养生长衰退，以生殖生长为主，叶片由下而上陆续变黄衰老，光合能力降低，根系生长趋于停止，吸收能力减弱，养分主要用于供给棉铃生长发育。棉株中下部棉铃开始成熟吐絮，是增加铃重、提高衣分和纤维品质的重要时期。

（1）肥水管理　吐絮期棉花根系吸收能力减弱，棉株肥水需要量减少，此期棉田一般不再进行灌水追肥。对于棉花长势弱的瘠薄棉田可进行叶面喷肥，可用1%的尿素溶液或0.3%的磷酸二氢钾溶液叶面喷施，连喷3次，间隔7天。遇到严重干旱年份可进行小水灌溉，也有一定的增产效果。

（2）整枝　吐絮期整枝能改善棉田通风透光条件，减少养分消耗，有利于减少烂铃，保铃增铃，促早熟。结合整枝及时去除无效花蕾，提高铃重。长势旺、田间郁闭严重的棉田，及时打老叶、抹赘芽、去空枝，改善棉田通风透光条件，减少烂铃，促进棉铃成熟吐絮。

（3）病虫害防治　吐絮期病害主要是铃疫病引起的烂铃，一般选择甲基托布津、代森锰锌等药剂进行化学防治，为减少损失，及时采摘出现黑斑的棉铃。棉铃虫、红铃虫和造桥虫等是棉花吐絮期的主要害虫。吐絮期虫害发生轻，棉田天敌数量多，一般不采用化学药剂防治。对长势偏旺、枝繁叶茂的晚熟棉田，搞好虫情监测，一般采用对天敌伤害较小的化学药剂进行防治。

（4）适时催熟，及时收花　为增加棉花霜前花产量，促进棉铃开裂吐絮，可喷施乙烯利化学催熟。乙烯利喷施时间一般在9月底10月初，距枯霜期20天左右，晴天高温时，喷药量一般每亩40％乙烯利100～150克，乙烯利喷施时间和药量可视天气情况、棉田长势长相等适当调整。棉花进入吐絮期应及时进行分期分批采收。过早或过晚采摘都会降低棉花的品质级别。收摘过早，棉籽含水量高，不耐储藏，易霉变，纤维成熟度低；收摘过晚，日晒时间过长，尤其是籽棉受风吹雨淋，纤维光泽度、强度降低。一般在棉铃开裂后7～10天采摘最为适宜。

第三节　节水高产关键技术

一、合理密植

选择合适的密度是栽培管理技术中最为关键的第一步。密植建立高效的群体结构是棉花增产的重要途径。因气候生态条件和土壤条件等差异，各地区适宜的棉花栽培密度也不同。新疆棉区采取“矮、密、早”模式，长江流域棉区采取“稀植大棵”模式，同样都能获得棉花高产。在棉花生长期，无霜期长、平均气温高的地区，棉株生长高大，栽培密度应较冷凉、无霜期短的地区稀些。土层深厚、保水保肥能力强的土地，棉株高大，栽培密度应较土层薄、保肥蓄水能力差的土地稀些。水浇地、雨量多的地区宜稀植，旱区、雨水少的地区宜密植。植株高大、株型松散的中晚熟品种宜稀植，株型紧凑、生育期短的早熟品种宜密植。协调好个体与群体之间的关系，防止密度过大致使株间竞争过强，抑制个体发育，或者过分稀植导致个体太大而引起群体生产力下降。

二、平衡施肥

棉花平衡施肥，是指依据棉花生育特性、需肥规律、土壤养分状况及棉花产量目标，施入不同类型和不同数量的肥料，使土壤中有效养分处于平衡状态并满足棉花各阶段需肥的要求，以达到棉花优质高产、培肥地力、减少环境污染的目的。一般遵循施足基肥、轻施苗肥、稳施蕾肥、重施花铃肥、补施盖顶肥的原则。

1. 基肥　基肥一般以有机肥料为主，土壤肥沃少施，土壤贫瘠适当多施。一般每亩施用厩肥1 000～2 000 千克、氮肥 20 千克、磷肥 5 千克、钾肥 10 千克。基肥应深施，一般在 16～20 厘米，以促进棉花根系下扎。

2. 苗肥　苗肥要早施，促进壮苗早发；苗肥应轻施，因为幼苗植株矮小，根系尚不发达，吸收能力差。土壤肥沃地块适当少追或不追苗肥，土壤贫瘠地块适当多施。一般在 3～4 片真叶时，每亩追施氮肥 2～5 千克。

3. 蕾肥　稳施蕾肥，防止旺长。水肥条件好，生长旺盛的棉田，应少施、晚施蕾肥；土壤贫瘠，棉株生长弱小，应早施、多施蕾肥。一般每亩追施氮肥 5～10 千克、磷肥 4～8 千克、钾肥 4～8 千克。

4. 花铃肥　花铃肥应重施，棉花在花铃期以生殖生长为主，养分消耗量大，缺肥易引起棉田早衰、蕾铃脱落，导致棉花减产。花铃肥以速效氮为主，配施磷钾肥。一般每亩追施氮肥 10～20 千克、磷肥 5～10 千克、钾肥 8～12 千克。

5. 盖顶肥 为防止棉田早衰，多结秋桃，及时补施盖顶肥。一般在8月上旬，每亩补施氮肥5～10千克。对后期长势偏弱的棉田，还可在8月下旬至9月中旬进行叶面喷肥，连喷3～4次，间隔5～7天。

三、节水灌溉

水分为棉花生长所必需，掌握棉花需水量和各个生育阶段的需水规律是节水灌溉的重要依据。棉花需水量大小与产量、环境气候条件及栽培技术措施密切相关，棉花不同生育期对土壤水分状况要求也不同，因而灌溉的原则是：看天、看地、看棉花。

1. 播前造墒灌溉 棉田造墒灌溉主要是保证播种层有充足的水分，以利于种子萌发出苗，为全苗、壮苗打基础，同时又为前期生长储存水分。一般在棉花播种前10～15天灌溉造墒，每亩灌水40～60米^3，适耕期耕耙保墒待播。

2. 生育期间灌溉 是指棉花从出苗到收获整个生育期内的灌溉。棉花生育期灌溉应充分考虑棉花各个生育阶段的需水规律，依据当地环境气候条件、土壤水分状况等确定灌溉时间和灌溉量。棉花现蕾前后，只要播前灌水充足，可不灌溉；保墒效果差的棉田可适时进行小水轻灌。花铃期是棉花一生中水分需求最多的时期，此期水分亏缺对棉花生长发育影响尤为明显。一般在花铃期有连续10天以上的高温晴朗天气，且天气预报近期无降雨，棉株出现萎蔫时，要及时进行棉田灌溉。棉花吐絮期灌溉可增墒抗旱，防止早衰，增加秋桃，提高铃重。若吐絮期正值雨季，降雨多则不灌溉。

第四节 棉花主要病虫害的危害特征及防治方法

一、病害防治

（一）立枯病

1. 危害特征 棉花立枯病俗称烂根病、黑根病。幼苗出土前造成烂种和烂芽。出土后，幼茎基部靠近地面处出现褐色凹陷的病斑，并逐渐扩大，颜色逐渐变成黑褐色，直到病斑扩大缢缩，切断水分和养分供应，造成子叶垂萎，最终幼苗枯死或萎倒；成株叶片出现褐色斑点，脱落穿孔。多雨年份茎基部呈现黑褐色病斑。

2. 防治方法

①适期早播，5 厘米深处土温稳定在 14℃时及时播种。

②轮作倒茬，以稻棉轮作 2～3 年防病效果最好。

③温汤浸种，种子经 60℃热水浸 20 分钟，发病率显著降低。

④药剂拌种，选择福美双萎锈灵悬浮剂或敌磺纳·五氯硝基苯等药剂拌种，能大大降低棉立枯病的发病率。

⑤田间喷雾防治，棉苗出土后，选择 50%多菌灵可湿性粉剂 800 倍液或 50%福美双可湿性粉剂 800 倍液，沿着棉苗主茎喷雾，使药液沿主茎滴入土壤，连喷 3 次，间隔 3～5 天。

（二）炭疽病

1. 危害特征　棉籽发芽后受浸染，在土中呈水渍状腐烂。若幼苗出土后发病，则在靠近地面的幼茎基部产生红褐色小病斑，扩大后成皱缩状褐色纵条斑，稍凹陷，有时病斑中部产生纵向裂痕，严重时皮层腐烂、幼苗枯萎。子叶被害，多在叶缘产生半圆形黄褐色或褐色病斑。真叶被害，一般发生于叶片中部，外缘多呈深褐色。叶柄及茎秆上的症状均呈红褐色至黑褐色的纵条斑，病部容易折断。在天气潮湿的条件下，病斑表面产生橘红色物质，叶缘常破裂。

2. 防治方法

①防治的关键是选用无病种子或经消毒处理后的种子。

②合理轮作，精细整地，改善土壤环境条件。

③棉苗出土后可选择 20%稻脚青 800 倍液，或 50%多菌灵 800 倍液，或 70%甲基托布津 1000 倍液进行喷雾防治，连喷 3 次，间隔 3～5 天。

（三）茎枯病

1. 危害特征　棉花从苗期到结铃期均能受害，前期为害子叶、真叶、茎和生长点，造成烂种、叶斑、茎枯、断头落叶以至全株枯死，后期侵染苞叶和青铃，引起落叶和僵瓣。子叶和真叶发病初为黄褐色小圆斑，边缘紫红色，后扩大成近圆形或不规则形的褐色斑，表面散生许多小黑点。茎部及叶柄受害，初为红褐色小点，后扩展成暗褐色梭形溃疡斑，中央凹陷，周围紫红。病情严重时，病部破碎脱落，茎枝枯死。

2. 防治方法

①轮作倒茬，降低土壤病原菌数量，减轻病害发生。

②合理密植，改善田间通风透光条件。

③药剂拌种，棉籽硫酸脱绒处理后，以呋喃丹或多菌灵拌种，既防治病害又兼治蚜虫。

④棉花出苗后发病，可用65%代森锌800倍液，或70%甲基托布津1 000倍液进行喷雾防治。

(四) 红腐病

1. 危害特征　红腐病是棉花主要病害之一，主要引起棉花烂种、烂芽、茎基腐烂和根部腐烂。幼芽出土前受害可造成烂芽。幼茎发病，茎基部出现黄色条斑，后变褐腐烂，导管变成暗褐色。子叶、真叶发病，在叶边缘产生灰红色不规则斑，湿度大时全叶变褐湿腐。棉铃染病后初生无定形病斑，初呈墨绿色，水渍状，遇潮湿天气或连阴雨时病情扩展迅速，遍及全铃，产生粉红色或浅红色霉层，病铃不能正常开裂吐絮。

2. 防治方法

①选择无病或隔年棉种。

②药剂拌种，选择45%敌磺钠可湿性粉剂或50%多菌灵可湿性粉剂对棉种进行拌种处理。

③加强田间管理，及时清除田间落叶、枯枝、烂铃等，集中烧毁。铃期及时防治病虫害，避免造成铃部伤口，易引起病菌侵入，导致发病。

④发病初期可选择80%代森锰锌可湿性粉剂600～800倍液＋50%多菌灵可湿性粉剂800～1 000倍液进行田间喷雾防治。

（五）角斑病

1. 危害特征　角斑病是棉花上的一种常发病，病菌可以侵染棉花的种芽、叶片、茎、枝、苞叶和蕾铃。严重发生时常引起蕾铃脱落，导致减产。苗期染病子叶受害呈水渍状不规则形或圆形病斑，黑褐色，严重的子叶枯死脱落。真叶染病叶背先产生深绿色小点，后扩展成油渍状，叶片正面病斑多角形，致叶片枯黄脱落。茎染病现水渍状病斑，后扩大变黑或腐烂，病部凹陷，病苗弯向一边。顶芽染病形成"烂顶"，造成全株死亡。棉铃染病初生油浸状深绿色小斑点，后扩展为近圆形或多个病斑融合成不规则形，褐色至红褐色，病部凹陷，幼铃脱落，成铃部分心室腐烂。

2. 防治方法

①选择经硫酸脱绒、药剂拌种处理后的棉种。

②清洁棉田，及时拔出感病株，病株集中烧毁、深埋或沤肥，不得留在田间。

③增施磷钾肥，氮磷钾合理配比。

④发病初期可选择75%百菌清粉剂1 000倍液，或50%甲霜铜粉剂800倍液进行田间喷雾防治。

（六）枯萎病

1. 危害特征　枯萎病在棉花整个生育期均可受害，是典型的维管束病害。枯萎病发病早，出苗后即可发生，现蕾期达到高峰。症状常表现多种类型，有青枯型、黄化型、黄色网纹型、皱缩型、紫红型、萎蔫型等。枯萎病病原为一种真菌，该菌在适宜的条件下萌发，产生菌丝，从棉株根部进入维管束组织后逐渐向上扩展到茎、枝、叶柄上，造成叶片或叶脉变色，组织坏死，棉株萎蔫。

2. 防治方法

①选择无病或抗病品种。

②棉种必须经过硫酸脱绒、药剂拌种处理。

③合理轮作倒茬，与小麦、玉米、高粱等禾本科作物轮作，降低土壤病原菌数量，减轻病害发生。

④及时拔除田间感病株。

⑤严格执行检疫制度，禁止从重病区调运棉种或棉籽饼或棉籽壳，坚决保护无病区，防止病害扩散。

⑥发病初期选择多菌灵、甲基硫菌灵等杀菌剂，并添加植物生长调节剂磷酸二氢钾、硼锌肥等，进行田间喷雾防治，连喷 3 次，间隔 5～7 天。

（七）黄萎病

1. 危害特征 棉花黄萎病一般在现蕾后才开始发生，开花结铃期为高峰期，是典型的维管束病害。依据病症的不同，可划分为落叶型、枯斑型和黄斑型 3 种类型。发病初在棉株下部叶片上的叶缘和叶脉间出现浅黄色斑块，后逐渐扩展，叶色失绿变浅，主脉及其四周仍保持绿色，病叶出现掌状斑驳，叶肉变厚，叶缘向下卷曲，叶片由下而上逐渐脱落，仅剩顶部少量小叶，棉铃提前开裂，造成严重减产。

2. 防治方法

①做好检疫工作，保护无病区，严防病区扩大。

②选用抗病品种。

③棉种必须经过硫酸脱绒、药剂拌种处理。

④实行大面积轮作，提倡与禾本科作物轮作，尤其是与水稻轮作，效果最为明显。

⑤加强田间管理，增加磷、钾、锌肥和有机肥用量，重病区适当退后播期，及时拔除田间感病株。

⑥发病初期，选择多菌灵、甲基托布津等杀菌剂，并添加植物生长调节剂磷酸二氢钾、硼锌肥等，进行田间喷雾防治，连喷 3 次，间隔 5～7 天。

二、虫害防治

（一）棉蚜

1. 危害特征 棉蚜以刺吸口器插入棉叶背面或嫩头部分组织吸食汁液，被害部位组织受到破坏，使棉叶正、反面生长不平衡，受害叶片向背面卷曲，导致根系发育不良，植株矮小、叶片变小、叶数减少，现蕾推迟、蕾铃大量脱落、吐絮延迟，造成产量和品质下降。

2. 防治方法

①选择抗虫品种。

②间作套种，棉花与绿豆间作，麦棉套种等，可以有效增加棉田蚜虫天敌的种类和数量。

③水旱轮作以减轻蚜虫的发生和为害。

④清除棉田杂草，清洁棉田，处理越冬寄主。

⑤播种前用呋喃丹或涕灭威药剂拌种。

⑥用40%氧化乐果乳剂或50%毒死蜱乳剂进行滴心和涂茎防治。

⑦危害率达到15%以上时，用40%氧化乐果乳剂或10%吡虫啉可湿性粉剂1 000～1 500倍液进行喷雾防治。

（二）棉红蜘蛛

1. 危害特征　棉红蜘蛛是为害棉花的叶螨的统称，包括截形叶螨、二斑叶螨、朱砂叶螨等。若螨、成螨成群聚集在棉叶背面吸食汁液，使叶片呈灰白色或枯黄色细斑，严重时叶片干枯脱落，并在叶上吐丝结网，严重影响植物生长发育。

2. 防治方法

①铲除田边杂草，清除残株败叶，保持棉田清洁，减少虫源，降低虫口数量。

②合理轮作，精细整地，深翻土地30厘米以上。

③干旱时及时灌水，增加田间湿度，增施磷钾肥。

④危害率达到10%以上，严重发生时，选择哒螨灵、阿维菌素等药剂进行田间喷雾防治。

（三）棉铃虫

1. 危害特征　棉铃虫是杂食性害虫，为害棉花时主要以幼虫蛀食棉花的蕾、花、铃，引起蕾铃脱落，严重降低棉花的产量和品质。蕾被蛀食后苞叶张开发黄，蕾下部有蛀孔，2～3天后脱落；花的柱头和花药被害后不能正常授粉结铃；青铃被蛀成空洞后常诱发病菌侵染，造成烂铃。幼虫也食害棉花嫩尖和嫩叶，形成孔洞和缺刻，造成无头棉，影响棉花的正常发育。

2. 防治方法

①选择种植转 Bt 基因抗虫棉。

②棉花与玉米、小麦、油菜等间作套种，丰富天敌资源。

③深翻冬灌，减少越冬虫蛹数量。

④棉铃虫成虫具有趋光性，可用高压汞灯进行诱杀。

⑤当每百株有 100 粒卵或 10 头幼虫时，可以选用甲维盐、丙溴磷等进行田间喷药防治。

（四）棉盲蝽

1. 危害特征 盲蝽是刺吸式口器害虫，食性杂，为害棉花的盲蝽主要有绿盲蝽、三点盲蝽、苜蓿盲蝽和中黑盲蝽 4 种，为害时以刺吸式口器吸取棉花组织汁液，主要为害棉花的嫩尖、顶芽以及幼嫩蕾、花、铃，嫩尖、顶芽受害常发黑枯死，有的还激发不定芽萌生。花蕾和幼铃受害后出现黑褐色刺斑，常干枯脱落或形成黑心僵瓣。

2. 防治方法

①深翻冬灌，合理间套、轮作。

②清除田边地头杂草，保持棉田清洁，减少虫源。

③棉盲蝽为喜温好湿昆虫，要合理化控，精细整枝，保持田间通风透光，避免田间郁蔽和高湿。

④科学施肥，忌施过多氮肥，防止棉花疯长。

⑤严重发生棉田，一般选择触杀和内吸性较强的药剂混合喷施，效果最好，如毒死蜱、高效氯氰菊酯、氧化乐果等，稀释 1 000～1 500 倍液喷雾。

（五）棉蓟马

1. 危害特征 棉蓟马的成虫和若虫均以锉吸式口器为害棉花的子叶、真叶和生长点，从棉花组织内吸取汁液。子叶和真叶被害时，叶片背面产生银白色斑块，叶片正面凹凸不平，严重时翻卷如瓢，光合作用降低。子叶期生长点被害，仅剩 2 片肥大子叶，变成无头棉。1～2 片真叶时，生长点被害形成无主茎的多头棉。花蕾和幼铃被害后产生畸形铃，易脱落，棉铃提前开裂吐絮，会降低棉花的产量和品质。

2. 防治方法

①深翻冬灌，及时清除棉田杂草，减少虫源。

②棉种必须经过硫酸脱绒、药剂拌种处理。

③利用棉蓟马对蓝色具有较强趋性进行杀虫灯诱杀。

④严重发生时，一般选择 10%吡虫啉乳油 2 000 倍液或 50%辛硫磷乳油 1 000 倍液进行田间喷雾防治。

参 考 文 献

薄燕，祝振华，魏志顺，等.2007. 棉花蕾期的生育特点及其栽培管理技术［J］. 耕作与栽培（4）：55-56.

蔡太义，贾志宽，黄耀威，等.2011. 不同秸秆覆盖量对春玉米田蓄水保墒及节水效益的影响［J］. 农业工程学报，27（增刊）：238-243.

曹涤环.2015. 棉花的需肥特性与合理施肥［J］. 科学种养（11）：20-21.

柴存才，等，1998. 黄腐酸盐对棉花黄萎病的作用［J］. 腐殖酸（4）：16-17.

陈宝玉，黄选瑞，邢海，等，2004. 3 种剂型保水剂的特性比较［J］. 东北林业大学学报，32（6）：99-100.

陈宝玉，武鹏程，张玉珍，2003. 保水剂的研究开发现状及应用展望［J］. 河北农业大学学报（5）：242-245.

陈红.2004. 棉盲蝽蟓的发生为害及防治［J］. 湖北植保（6）：11.

陈奇恩.1997. 棉花生育规律与优质高产高效栽培［M］. 北京：中国农业出版社.

陈玉玲. 黄腐酸对冬小麦幼苗一些生理过程的影响及作用机理的探讨［J］. 华北农学报，1999，14（1）：143.

崔金杰，马奇祥，马艳.2007. 棉花病虫害诊断与防治原色图谱［M］. 北京：金盾出版社.

戴茂华，刘丽英，庞昭进，等.2015. 花铃期干旱胁迫对棉花生理生化指标的影响［J］. 江西农业学报，27（7）：19-21.

戴茂华，岳秀琴，刘丽英，等.2015. 花铃期干旱胁迫对棉花光和特性的影响［J］. 安徽农业科学，43（19）：4-5，20.

丁诺.1990. 棉花［M］. 济南：山东科学技术出版社.

董宝娣，张正斌，刘孟雨，等.2007. 小麦不同品种的水分利用特性及对灌溉制度的响应［J］. 农业工程学报，23（9）：27-33.

杜太生，康绍忠，魏华.2000. 保水剂在节水农业中的应用研究现状与展望［J］. 农业现代化研究，21（5）：317-320.

杜尧东，土丽娟，刘作新.2000. 保水剂及其在节水农业上的应用［J］. 河南农业大学学报，34（3）：255-259

杜贞栋，顾维龙，王华忠，等.2004. 农业非工程节水技术［M］. 北京：中国水利水电出版社．
冯丙坤．2004. 棉花吐絮期管理技术要点［J］．中国棉花（12）：35.
高传昌，王兴，汪顺生，等．2013. 我国农艺节水技术研究进展及发展趋势［J］．南水北调与水利科技，11（1）：146-150.
高琼．2009. 陕西渭北旱塬节水型种植结构优化研究［D］．重庆：西南大学．
高延军，张喜英，陈素英，等．2004. 冬小麦品种间水分利用效率的差异及其影响因子分析［J］．灌溉排水学报，23（5）：45-49.
耿军义，刘素娟，刘素恩，等．2003. 河北省棉花育种的研究进展及发展思路［J］．河北农业科学，7（4）：44-49.
宫飞．2003. 华北地区结构型节水种植业模式及途径研究—以北京市顺义区为例［D］．北京：中国农业大学．
韩宾，李增嘉，王芸，等．2007. 土壤耕作及秸秆还田对冬小麦生长状况及产量的影响［J］．农业工程学报，23（2）：48-53.
郝伯钦．1995. 地膜棉花蕾期管理技术［J］．石河子科技（3）：43-45.
侯亮，刘素英，王淑芬．2012. 河北省平原缺水区农作物布局调整研究［J］．河北农业科学，16（4）：29-32.
侯振军，夏辉，杨路华．2004. 河北省平原冬小麦节水灌溉制度试验研究［J］．河北水利水电技术（2）：5-7.
胡景辉，孙丽敏．2013. 河北滨海平原区种植业结构调整探析［J］．天津农业科学，19（10）：56-59.
胡星．2008. 秸秆全量还田与有机无机肥配施对水稻产量形成的影响［D］．扬州：扬州大学．
胡志桥，田霄鸿，张久东，等．2011. 石羊河流域节水高产高效轮作模式研究［J］．中国生态农业学报，19（3）：561-567.
黄明，吴金枝，李友军，等．2009. 不同耕作方式对旱作区冬小麦生产和产量的影响［J］．农业工程学报，25（1）：50 54.
黄修桥．2005. 灌溉用水需求分析与节水灌溉发展研究［D］．杨凌：西北农林科技大学．
黄占斌，山仑．1998. 水分利用效率及其生理生态机理研究进展［J］．生态农业研究，6（4）：19-23.
黄占斌，辛小桂，宁荣昌，等．2003. 保水剂在农业生产中的应用与发展趋势研究［J］．干旱地区农业研究（3）：11-14.
黄占斌，张国祯，李秧秧，等．2002. 保水剂特性测定及其在农业中的应用［J］．农业工程学报，18（1）：22-26.
江曲，陈金湘，刘海荷，等．2013. 棉花稀植大棵群体不同果枝产量与品质分

布特征的研究 [J]. 作物研究，27 (1)：15-19.

金建华，孙书洪，王仰仁，等. 2011. 棉花水分生产函数及灌溉制度研究 [J]. 节水灌溉，2：46-48.

金剑，刘晓冰，李艳华，等. 2001. 水肥耦合对春小麦灌浆期光合特性及产量的影响 [J]. 麦类作物学报，21 (1)：65-68.

康跃虎. 1998. 微灌与可持续农业发展 [J]. 农业工程学报，14 (增刊)：251-256.

科学技术部中国农村技术开发中心. 2007. 节水农业技术 [M]. 北京：中国农业科学技术出版社.

李安国，建功，曲强. 1999. 渠道防渗工程技术 [M]. 北京：中国水利水电出版社，1999.

李成禄. 2008. 发展无公害蔬菜生产的对策和措施 [J]. 天津农业科学，14 (5)：31-33.

李成忠. 2014. 棉花施肥技术中的关键问题探讨 [J]. 农业与技术 (6)：113.

李海生. 2011. 棉花盲蝽蟓发生变化规律及其防控技术 [J]. 湖南农业科学 (10)：53-54.

李建民，王宏富. 2010. 农学概论 [M]. 北京：中国农业大学出版社.

李金玉，刘西莉，刘桂英. 1997. 种衣剂和包衣种子质量标准研究 [J]. 世界农业 (12)：17-19.

李景生，黄韵珠. 1996. 土壤保水剂的吸水保水性能研究动态 [J]. 中国沙漠，16 (1)：86-91.

李林杰. 2001. 河北省农业产业结构调整：成效误区对策 [J]. 河北农业大学学报，26 (4)：49-54.

李伶俐，马宗斌，房卫平，等. 2007. 稀植留叶枝棉花的光合特性和产量品质研究 [J]. 棉花学报，19 (1)：8-12

李龙昌，李晓. 1997. 管道输水灌溉技术 [J]. 中国农村水利水电 (7).

李瑞霞，梁卫理. 2010. 农业节水技术研究现状及其对河北平原作物高产节水的借鉴意义 [J]. 中国农学通报，26 (15)：383-386.

李生秀，等. 2004. 中国旱地农业 [M]. 北京：中国农业出版社.

李玉敏，王金霞. 2009. 农村水资源短缺现状、趋势及其对作物种植结构的影响——基于全省 10 个省调查数据的实证分析 [J]. 自然资源学报，24 (2)：200-208

李云瑞. 2006. 农业昆虫学 [M]. 北京：高等教育出版社.

李志宏. 2003. 基于水资源状况的河北低平原种植结构调整 [J]. 河北农业科学，7 (增刊)：120-123.

梁薇．2007. 冬小麦经济节水灌溉制度的研究［D］．石家庄：河北工程大学．

蔺姗姗．2011. 博州棉花主要虫害防治技术［J］．农村科技（9）：23.

刘恩洪．2008. 腐殖酸肥的特点及应用［J］．河北农业科技（17）：44.

刘辉．1999. 棉花花铃期的管理技术［J］．安徽农业（7）：6.

刘辉．1999. 棉花花铃期的管理技术［J］．安徽农业（7）：6.

刘佳嘉，冯浩．2010. 缓解河北农业用水紧缺的技术与对策［J］．节水灌溉，5：64-67，70.

刘克礼，等．2004. 旱作大豆综合农艺栽培措施与产量关系模型及产量构成分［J］．大豆科学，23（1）：50-54.

刘坤，郑旭荣，任政，等．2004. 作物水分生产函数与灌溉制度的优化［J］．石河子大学学报，22（5）：383-385.

刘梦雨，王新元．1994. 黑龙港地区的地下水资源采补平衡与作物种植制度［J］．干旱地区农业研究，12（3）：79-74.

刘幼成，王玉敬，武兰春．1998. 水稻旱育稀植条件下的节水灌溉制度的研究［J］．河北水利科技，19（2）：20-21.

刘昭伟，张盼，王瑞，等．2014. 花铃期土壤持续干旱对棉铃对位叶气体交换参数和叶绿素荧光特性的影响［J］．应用生态学报，25（12）：3533-3539.

刘正学，等．2005. 小麦优化节水灌溉模式的研究［J］．作物杂志（2）：18-21.

刘作新，尹光华，孙中和，等．2000. 低山丘陵半干旱区春小麦田水肥耦合作用的初步研究［J］．干旱地区农业研究，18（3）：20-25.

卢林纲．2001. 黄腐酸及其在农业上的应用［J］．现代化农业（5）：9-10.

鲁雪林，王秀萍，张国新，等．2009. 地膜覆盖对棉花产量的影响［J］．河北北方学院学报，25（5）：34-39.

路文涛，贾志宽，高飞，等．2011. 秸秆还田对宁南旱作农田土壤水分及作物生产力的影响［J］．农业环境科学学报，30（1）：93-99.

吕长安．2003. 河北省水资源现状分析及解决措施［J］．中国水利（3）：76-78.

吕美蓉，李增嘉，张涛，等．2010. 少免耕与秸秆还田对极端土壤水分及冬小麦产量的影响［J］．农业工程学报，26（1）：41-46.

吕新，张伟，曹连莆．2005. 不同密度对新疆高产棉花冠层结构光合特性和产量形成的影响［J］．西北农业学报，14（1）：142-148.

罗庚彤，等．1994. 北疆春大豆亩产 300kg 高产栽培技术研究［J］．大豆科学，8（2）：127-132.

马丙尧，邢尚军，马海林，等．2008. 腐殖酸类肥料的特性及其应用展望［J］.

山东林业科技（1）：82-84.
马鄂超，何江勇，杨国江．2006. 棉花施肥技术［J］．新疆农垦科技（5）：59-60.
马伟清．2012. 棉花平衡施肥技术［J］．农村科技（5）：26.
马香玲，高计生．1998. 坝上干旱地区春小麦节水灌溉制度［J］．河北水利水电技术（2）：14-16.
毛树春．1999. 中国棉花可持续发展研究［M］. 北京：中国农业出版社．
牟善积，等．1999. 免耕、覆盖、深松配套技术及耕作模式的研究（之五）［J］．天津农学院学报，6（2）：28-32.
牛彦辉．2011. 河北平原区节水灌溉工程节水效果研究［D］．石家庄：河北农业大学．
牛育华，李仲谨，郝明德，等．2008. 腐殖酸的研究进展［J］．安徽农业科学，36（11）：4638-4639，4651.
庞秀明，康绍忠，王密侠．2005. 作物调亏灌溉理论与技术研究动态及其展望［J］．西北农林科技大学学报（自然科学版），33（6）：141-146.
钱蕴壁，李英能，杨刚，等．2002. 节水农业新技术研究［M］．郑州：黄河水利出版社．
山仑，等．2004. 中国节水农业［M］．北京：中国农业出版社．
山仑，徐萌．1991. 节水农业及其生理生态基础［J］．应用生态学报，2（1）：70-76.
沈荣开，王康，张瑜芳，等．2001. 水肥耦合条件下作物产量、水分利用和根系吸氮的试验研究［J］．农业工程学报，17（5）：35-38.
沈荣开，张瑜芳，黄冠华．1995. 作物水分生产函数与农用非充分灌溉研究述评［J］．水科学进展，6（3）：248-254.
王胜利，张晓洁，李冬云．2005. 棉花吐絮期的管理措施［J］．中国棉花（12）：27.
王树林，林永增，祁虹，等．2010. 冀南地区不同密度对棉花生长发育及产量品质的影响［J］．山东农业科学（11）：24-27.
王小波．2011. 棉花需肥特性及高产施肥的关键技术［J］．科学种养（7）：16.
王延琴，崔秀稳，潘学标，等．1999. 不同密度群体对棉花光能利用率和生长发育影响的研究［J］．耕作与栽培（4）：14-16，36.
王子胜，吴晓东，郭文琦，等．2012. 种植密度对东北特早熟棉区棉花生物量和氮素累积的影响［J］．棉花学报，24（1）：35-43.
吴春昊．2008. 豫北地区棉蓟马发生规律及综合防治技术［J］．江西棉花

（5）：58-59.
吴兴雷 . 2006. 棉花花铃期的管理技术［J］. 现代农业科技（9）：34-35.
于振文. 2003. 作物栽培学各论［M］. 北京：中国农业出版社.
张翠翠，高素玲 . 2008. 棉花吐絮期田间管理技术［J］. 中国棉花（1）：34.
张存信 . 2001. 棉花灾害及防灾减灾技术［M］. 北京：中国农业科技出版社.
张德才 . 2012. 棉花吐絮期管理关键技术［J］. 农村新技术（5）：7-8.
张江丽 . 1999. 棉花节水灌溉技术［J］. 农村新技术（5）：5-6.
张金岭 . 2013. 棉花主要病害的发生特点及防治措施［J］. 现代农业科技（18）：130-131.
张倩 . 2009. 棉花施肥技术［J］. 现代农业科技（13）：67.
张晴 . 2007. 中国棉花主产区生产条件及发展对策［J］. 中国棉花，34（7）：8-10.
张树珍 . 2017. 棉花主要病害与防治措施［J］. 现代农业科技（7）：116-119.
张庭军 . 2016. 新疆棉花不同施肥方式对产量的影响［J］. 新疆农业科技（2）：52-53.
张旺锋，王振林，余松烈，等 . 2004. 种植密度对新疆高产棉花群体光合作用、冠层结构及产量形成的影响［J］. 植物生态学报，28（2）：164-171.
张永升，刘普伟 . 2009. 棉花吐絮期综合管理技术［J］. 河北农业（7）：14.
赵震杰 . 2009. 棉盲蝽蟓发生特点及防治对策［J］. 河南农业（12）：21.
郑曙峰 . 2010. 棉花综合栽培［M］. 合肥：安徽科学技术出版社.
周有耀 . 2005. 棉花高产优质栽培技术［M］. 北京：金盾出版社.
周有耀 . 2007. 棉花优质高产栽培实用技术［M］. 郑州：中原农民出版社.
朱启荣 . 2005. 中国棉花主产区空间布局变迁研究（1980-2002）［D］. 北京：中国农业大学.
Jones M A and Wells R. 1998. Fiber yield and quality of cotton grown at two divergent population densities［J］. Crop Science，38（5）：1190 - 1195.
Wullschleger S D，Osterhuis D M. 1992. Canopy leaf area development and age-class dynamics in cotton［J］. Crop Science，32：451-456.

图书在版编目（CIP）数据

棉花旱作节水技术/李积铭，李和平，戴茂华主编.—北京：中国农业出版社，2020.12

ISBN 978-7-109-27831-8

Ⅰ.①棉… Ⅱ.①李… ②李… ③戴… Ⅲ.①旱作农业-节约用水-应用-棉花-栽培技术 Ⅳ.①S562

中国版本图书馆 CIP 数据核字（2021）第 019471 号

中国农业出版社出版

地址：北京市朝阳区麦子店街 18 号楼

邮编：100125

责任编辑：贺志清

版式设计：杜　然　　责任校对：吴丽婷

印刷：中农印务有限公司

版次：2020 年 12 月第 1 版

印次：2020 年 12 月北京第 1 次印刷

发行：新华书店北京发行所

开本：880mm×1230mm　1/32

印张：5.5

字数：145 千字

定价：25.00 元
